高等学校应用型新工科创新人才培养计划系列教材
高等学校数据科学与大数据技术专业系列教材

U0169617

Python 数据挖掘实践

主　编　鲁江坤　汪林林

副主编　陈红阳

参　编　刘发久　冯庆蓉

西安电子科技大学出版社

内 容 简 介

本书以 Python 3.8.1 为工具，借助 PyCharm 开发平台和 Anaconda3 完成数据分析与挖掘实践。全书分为两个部分：第一部分为理论篇，包括第 1～5 章，介绍数据挖掘、Python、网络爬虫、数据探索与数据预处理、数据挖掘算法等基础知识，每个知识点均有案例支持，为后续数据挖掘奠定实践基础；第二部分为实践篇，包括第 6～10 章，介绍决策树预测 NBA 获胜球队、航空公司客户价值分析、商业零售行业中的购物篮分析、数据挖掘在中文文本分类中的应用和重庆市主城区二手房可视化分析，以网络爬虫为切入点引入数据集，以常用数据挖掘算法应用为主线进行数据挖掘实践。

本书内容翔实，案例丰富，既可作为应用型本科及高职高专大数据、计算机等相关专业的教材，亦可供 Python 数据挖掘爱好者自学使用。

图书在版编目(CIP)数据

Python 数据挖掘实践 / 鲁江坤，汪林林主编. — 西安：西安电子科技大学出版社，2021.2
(2024.12 重印)
ISBN 978-7-5606-5789-9

Ⅰ. ① P… Ⅱ. ① 鲁… ② 汪… Ⅲ. ① 软件工具—程序设计 Ⅳ. ① TP311.561

中国版本图书馆 CIP 数据核字(2020)第 132119 号

策　　划　　陈　婷
责任编辑　　雷鸿俊
出版发行　　西安电子科技大学出版社(西安市太白南路 2 号)
电　　话　　(029)88202421　88201467　　　邮　　编　　710071
网　　址　　www.xduph.com　　　　　　　电子邮箱　　xdupfxb001@163.com
经　　销　　新华书店
印刷单位　　咸阳华盛印务有限责任公司
版　　次　　2021 年 1 月第 1 版　　2024 年 12 月第 3 次印刷
开　　本　　787 毫米×1092 毫米　　1/16　　印　张　15
字　　数　　351 千字
定　　价　　39.00 元
ISBN 978-7-5606-5789-9
XDUP 6091001-3
***** 如有印装问题可调换 *****

前 言

  Python 是一种结合了解释性、编译性、互动性和面向对象的脚本语言。作为一门编程语言，Python 拥有 Java、C、C++ 等编程语言所没有的独特魅力，被称为"胶水语言"。从云端到客户端，再到物联网终端，Python 的应用无处不在，同时 Python 还是数据挖掘(Data Mining)首选的编程语言。

  随着大数据时代的到来，大数据已经渗透到各个行业，逐渐成为重要的生产要素。如何从海量数据中挖掘出有价值的潜在信息显得至关重要。数据挖掘技术帮助企业及个人在合理的时间内完成海量数据获取、管理及处理，为企业经营决策提供帮助。尽管数据挖掘技术的应用目前还不太成熟，但其商业价值已经逐渐凸显出来了，特别是有实践经验的数据挖掘人才在各类企业中需求量剧增。为了满足企业对数据挖掘人才的日益增长的需求，越来越多的高校开始开设数据挖掘类课程。

  本人自 2016 年，接受重庆人文科技学院计算机科学与技术、软件工程专业"数据挖掘与分析技术"课程授课任务以来，在选购教材的过程中，发现市面上现有的数据挖掘教材理论深度较高，并不适合应用型本科及高职高专学生学习使用。为此，我们编写了本书。本书结合应用型本科及高职高专学生实际情况，淡化理论知识学习，强调实践动手能力。不管是基础知识学习，还是常见算法理解，本书都提供案例支持，为今后学生从事项目开发和案例应用工作奠定坚实基础。

  本书内容安排如下：

  第 1 章介绍数据挖掘的基本概念，并以电子商务网站用户行为分析及服务推荐为例，向读者展示数据挖掘建模过程。第 2 章介绍 Python 开发环境搭建及 Numpy、Scipy、Matplotlib、Pandas、StatsModels、Scikit-Learn 等第三方库的应用。第 3 章介绍 Python 入门、网络爬虫等基础知识，以抓取猫眼电影榜单 TOP100 的相关内容为例介绍网络数据爬取过程。第 4 章和第 5 章介绍数据探索与数据预处理、常用数据挖掘算法，针对每个算法，都给出 Python 算法实现和应用案例。第 6 章选择决策树算法和随机森林算法预测真实美国职业篮球联赛(NBA)的比赛结果，分析并研究如何通过构造新特征提升预测准确率。第 7 章采用 K-Means 算法构建 LRPFMC 模型分析航空公司客户价值。第 8 章以美国"黑色星期五"购物节为例对零售行业顾客购物篮进行深度分析，从历史交易数据入手分析用户购买行为，研究不同用户对不同商品的购买行为。第 9 章通过已获取的包含 10 个类别下的新闻文本数据，使用 jieba、Scikit-Learn 等 Python 第三方库实现对中文文本数据的清洗、预处理，最终构建文本分类模型，并应用该模型进行新闻文本分类。第 10 章通过链家网爬取重庆市主城区二手房房源数据，经过数据编码格式转化、数据清洗之后进行二手房基本信息和房屋属性信息的数据可视化分析，利用 K-Means 算法对二手房数据进行聚类分析，并对聚类结果进行概括总结，深入分析大量数据背后隐藏的房价波动和城市发展规律，以求更好地帮助大家进行购房决策。

  我们提供了本书所用数据源(更希望大家利用书中所附爬虫代码自行获取数据源)及完整代码(代码均包含具体的中文注释)，读者可登录西安电子科技大学出版社网站进行查阅。

　　本书得到重庆市教委高等教育教学改革研究项目(编号为 183060，名称为"大数据课程精品教材建设与实践")和重庆人文科技学院校级教改项目(编号为16CRKXJ11，名称为"以项目驱动的数据挖掘课程改革的实践探索")的资助。

　　感谢黄正洪教授在本书编写过程中给予的指导和帮助，感谢汪林林教授、刘发久副教授、陈红阳老师、冯庆蓉老师的辛勤付出，感谢 CSDN 网站各位朋友的帮助。

　　感谢西安电子科技大学出版社陈婷编辑，她对本书的编写提出了宝贵意见，是她促进了本书的完成，同时她专业而高效的审阅也使本书增色不少。感谢背后默默支持本书出版的出版工作者，在他们的努力和付出下，保证了本书的顺利出版。

　　由于编者水平有限，书中可能还有疏漏之处，恳请广大读者批评指正。

鲁江坤

2020 年 9 月

目　　录

第一部分　理　论　篇

第二部分　实　践　篇

第一部分　理　论　篇

第 1 章   数据挖掘概述

伴随着移动互联网的快速发展，人们享受到了科技带来的各种便利。与此同时，数据库、计算机网络、先进自动数据生成与采集工具的广泛应用使得大量与用户相关的数据正在快速产生，并且以爆炸式的态势增长着。现如今人们正从 IT 时代迈向 DT 时代，也就是大数据时代。一时间，海量的数据信息使得想要快速查找出自己所需的有用信息非常困难。这些海量的数据中往往隐藏着潜在的、巨大的价值，若采用有效的方法与手段对这些数据进行挖掘并加以分析利用，从而获取有意义的信息和模式，将为企事业单位做决策提供数据支持，同时也会带来巨大的经济效益。大数据时代，海量的数据犹如地球深处的宝贵资源，十分珍贵，需要通过数据分析与挖掘等相关技术进行开采，以便更好地进行科学研究、商业决策以及企业管理。

本章以理解概述为主、展示案例为辅的形式介绍了以下知识点：

- 数据挖掘的概念；
- 数据挖掘的基本任务；
- 数据挖掘建模过程；
- 常用数据挖掘工具；
- 数据挖掘现状及应用前景。

1.1   数据挖掘的概念

大数据时代，海量的数据与日俱增，但与之相匹配的数据分析预处理方法却发展滞后。目前的数据分析与处理工具无法有效地对这些海量数据进行深层次的分析处理，而数据挖掘技术的出现则为其提供了有益的解决思路，既可以弥补传统方法的不足，又能对数据进行有效分析。

数据挖掘(Data Mining，又译为资料探勘、数据采矿)是数据库知识发现(Knowledge Discovery in Databases，KDD)中的一个步骤，一般是指从大量的数据中自动搜索隐藏于其中的特殊关系型的信息的过程。

数据挖掘在技术上是指从大量的、不完全的、有噪声的、模糊的和随机的数据中，提取隐含在其中的、事先不知道的，但又有潜在作用的信息和知识的过程。

目前，数据挖掘是人工智能和数据库领域中研究的热点问题，它主要基于人工智能、机器学习、模式识别、统计学、数据库、可视化技术等，高度自动化地分析企业的数据，做出归纳性的整理，从中挖掘出潜在的模式，从而帮助决策者调整市场策略，减少风险。数据挖掘在现实生活中有着非常广泛的应用，例如用于金融、医疗、零售、电商、电信、交通、军事、制造业等领域。

1.2　数据挖掘的基本任务

数据挖掘的基本任务包括利用分类分析、聚类分析、预测分析、关联分析、异常值分析、序列分析、协同过滤等方法，从庞大的数据中挖掘出潜在的、有价值的重要信息，为企业制订决策提供依据，进一步提高企业的核心竞争力。

下面基于数据挖掘应用的各个领域来阐述数据挖掘的具体任务。

1. 金融领域

例如，根据银行大量的客户资料以及客户存储款情况，利用有效的聚类或者协同过滤方法，将客户划分为不同的组，使得具有相同存储和贷款行为的客户分为一组，从而可以对每一组总结其各自的特点并开展有针对性的活动。

对多维数据进行分析，以便把握金融市场的变化趋势；运用分类技术对客户信用进行分类，以便更好地维持与客户的关系，为不同类别的客户提供个性化服务，并为企业决策提供参考依据。

2. 医疗领域

在管理医院内部结构、医疗器具、病人档案以及其他资料的过程中，产生了大量的数据。运用数据挖掘相关技术对这些数据进行分析处理，可以获取相关知识规律，有助于相关人员顺利开展工作。比如，运用数据挖掘技术，很大程度上有助于医疗人员发现疾病的一些规律，从而提高疾病诊断的准确率并确保治疗的有效性，不断促进人类健康医疗事业的发展。

3. 零售和电商领域

运用数据挖掘技术对大量销售数据进行分析，可以有效识别顾客的购买行为，从而更好地把握顾客购买的趋势。商家可以根据数据挖掘出的结果有针对性地采取有效措施提高商品销售量，增加企业收益。例如，如何改进服务质量，提高顾客的满意度；如何设计较优的运输路线与营销策略，以降低成本，提高工作效率，进而提升企业效益。

当我们在京东商城或亚马逊等网站购物时，总会出现"猜你喜欢""根据您的浏览历史记录精心为您推荐""购买此商品的顾客同时也购买了商品""浏览了该商品的顾客最终购买了商品"，这些都是推荐引擎运算的结果。它们都是在协同过滤算法的基础上，搭建一套符合自身特点的规则库，即该算法会同时考虑其他顾客的购买行为，在此基础上搭建产品相似性矩阵和用户相似性矩阵，最终找出最相似的顾客或最关联的产品，完成产品的推荐。

4. 电信领域

电信运营商已逐渐发展为一个融合了语音、图像、视频等增值服务的全方位立体化的综合电信服务商。运营商可以运用数据挖掘技术对商业形式和模式进行合理分析。例如，针对用户行为、利润率、通信速率和容量以及系统负载等电信数据，运营商可以运用多维分析方法进行分析；运用聚类或孤立点分析等方法可以发现异常模式；运用关联或序列等模式可以分析电信发展的影响因素等。

5. 交通领域

目前，交通领域通过出租车公司、公交公司等积累了大量的乘客出行数据、运营数据等。运用数据挖掘技术对这些数据进行分析和挖掘，可以更好地为出租车公司、公交公司、科学地运营和交通部门制订决策提供依据。例如，能够合理规划公交线路，实时为出租车的行驶线路提供建议等，既可以有效减少因交通拥堵问题造成的成本浪费，又可以提升城市运力和幸福指数。此外，航空公司也可以依据历史记录来探索乘客的旅行模式，以便为其提供更加个性化的服务，合理设置航线等。

1.3　数据挖掘建模过程

数据挖掘技术可以帮助人们从大量的数据中智能地、自动地抽取隐含的、事先未知的、具有潜在价值的知识和规则。数据挖掘的过程一般可分为目标定义、数据探索、数据预处理、构建模型、模型评价、模型发布等。本节以电子商务网站用户行为分析及服务推荐为例(本例研究对象为北京某法律网站，它是一家电子商务类的大型法律咨询网站)，描述数据挖掘建模过程，具体如表 1.1 所示。

表 1.1　电商数据挖掘建模过程

建模过程	1. 目标定义	2. 数据探索	3. 数据预处理	4. 构建模型	5. 模型评价	6. 模型发布
过程说明	(1) 任务理解 (2) 指标确定	(1) 建模抽样 (2) 质量把控 (3) 实时采集	(1) 数据探索 (2) 数据清洗 (3) 数据变换	(1) 模型发现 (2) 构建模型 (3) 验证模型	(1) 设定评价标准 (2) 多模型对比 (3) 模型优化	(1) 模型部署 (2) 模型重构
示例	对访问网站的用户进行访谈	采集用户访问网站的日志，生成访问数据记录表	清洗掉与分析目标无关的页面；做翻页网址归并与数据分类处理的数据变换操作；选取数据属性为用户与用户访问内容的数据	使用个性化推荐算法(基于物品的协同过滤算法)、非个性化推荐算法 (Random 与 Popular 算法)构建模型，使用交叉验证方法验证模型	将个性化推荐算法与两个非个性化推荐算法进行模型对比；评价指标定为准确率与召回率	为用户提供其感兴趣的页面，即进行智能化推荐

1.3.1　定义挖掘目标

对于电商行业的数据挖掘应用，可以定义如下挖掘目标：

(1) 依据用户访问网站所产生的数据，按照地域研究用户访问网站所用时间、访问内容、访问次数等分析主题，深入地了解用户访问网站的行为、目的与所关心的内容。

(2) 借助大量的用户访问网站的记录，发现用户的访问行为习惯，对不同需求的用户进行相关服务页面的推荐。

1.3.2　数据采集与抽样

当明确了电商行业数据的挖掘目标之后，需要确定哪些数据与挖掘目标相关，然后采用一定的方法与途径进行相关数据的采集。在数据采集时需要遵循三个标准，分别是相关性、可靠性与有效性。这样既可以降低后续数据处理量，又可以减少系统资源的损耗。

提高数据挖掘的质量与效果，并非要动用采集的所有数据，而是要从业务系统中抽取和此次挖掘目标相关的数据子集并保证数据完整无缺。因此，对采集来的数据进行抽样时，需要检查数据的质量，以免错误数据对数据挖掘效果产生较大的误导。抽样数据质量的衡量标准为：① 资料以及各项指标项齐全；② 数据准确无误，均反映了正常状态下的水平。

目前，数据抽样方式主要有以下几类：

(1) 随机抽样：一种随机抽样方式，数据集中的每一组记录被抽中的概率是等同的。

(2) 等距抽样：按一定比例从数据集中进行等间距抽取。例如，按 5%的比例对一个有 100 组观测值的数据集进行等距抽样，则有 100/5 = 20，等距抽样方式是取第 20、40、60、80 和 100 这 5 组观测值。

(3) 分层抽样：先将数据集划分成若干个子集，且每个子集中各小组记录被抽中的概率是相同的；然后为每个子集设定不同的被抽中概率。该抽样方式可使得抽取出来的数据更具代表性，能让模型具备更好的拟合精度。

(4) 从起始顺序抽样：从数据集的起始位置开始抽取一定数量的数据(如给定百分比或组数等)。

(5) 分类抽样：该抽取方式考虑到了抽取样本的具体取值，主要根据样本的某一种属性的取值选取数据。例如，从用户访问网站数据集中选取同一时间访问网页的数据子集。

针对电子商务行业所采集和抽样的数据如下：

以用户访问时间为条件，选取 2015 年 2 月 1 日～2015 年 4 月 29 日之间共三个月内用户访问网站的数据：真实 IP、地区编号、浏览器代理、用户浏览器类型、用户 ID、客户端 ID、时间戳、标准化时间、路径、日期 (年、月、日)、网址、网址类型、源地址名、网页标题、标题类型 ID、标题类型名称、标题类型关键字、入口源、入口网址、搜索关键字和搜索源。

1.3.3　数据探索

经过数据采集与抽样操作后，拿到的样本数据集还比较粗糙，无法直接用于后续的模型构建以及模型评价等环节。此时，需要经过数据探索与数据预处理操作来获取高质量的数据，进一步为保障数据挖掘质量奠定坚实的基础。样本数据中是否有较明显的规律和趋势，是否存在从未设想过的数据状态，样本各个属性之间是否有一定的相关性等，这些都是数据探索的范畴。通过数据探索，我们可以了解什么样的样本数据是有研究价值与意义的，什么样的模型构建出来是有用的，现有的样本数据是否恰当、充足、合适，又能否支撑所构建的模型。

当前，数据探索的方法可以分成两类：数据描述方法与数理统计方法。

数据描述方法是一种最简单、最直观，也最容易理解的探索方法。它主要对数据进行集中趋势分析、离中趋势分析、数据分布关系以及图分析。其中，集中趋势分析讨论数据平均处于什么位置，集中于什么位置，数据中心点处于什么位置等；离中趋势分析是分析数据的分散程度；数据分布关系讨论的是数据的形态、形状；图分析则是用散点图、柱状图、直方图等图表对数据形态进行显示与比较。

数理统计方法通过使用统计学的语言去论证数据的规律，比较偏重数学公式，相较于数据描述方法，该方法比较复杂，理解起来有一定的难度。它主要包括假设检验、方差分析、相关分析、回归分析以及因子分析五种方法。其中假设检验分析样本指标与总体指标间是否存在显著性差异；方差分析用于对两个及两个以上样本均数差别的显著性检验；相关分析用于探索数据之间的正相关与负相关关系；回归分析用于探索数据之间的因果关系或依赖关系；因子分析是从变量群中提取共性因子的统计技术。

总体来说，数据描述方法可以对样本数据的整体形态进行完整的描述，数理统计方法可以较深入地分析数据之间以及数据内部的联系。

针对 1.3.2 节所采集的用户访问网站原始记录数据，数据探索主要包括对数据进行多维度分析，如用户访问网页类型分析、用户点击网页次数分析、网页排名分析等。

通过分析用户访问网页的类型，得出一些与挖掘目标无关的数据，由此制定一系列规则，并在数据预处理阶段按此规则进行数据清洗操作；通过分析用户点击网页次数，发现需要为用户个性化网页推荐服务，以降低网站跳出率，并猜测多数用户更加关注知识型和咨询型网页；通过分析网页排名，发现大多数知识型网页存在翻页现象，这会增加网站跳出率，降低用户满意度。

1.3.4 数据预处理

经过数据抽样获得的数据经常是含有噪声的、不完整、不一致的，因此需进一步通过数据预处理获取高质量的数据，以更好地达成数据挖掘的目的。

针对 1.3.2 节所采集的数据，数据预处理主要包括数据清洗、数据集成、数据变换、数据规约等处理过程。其中，数据清洗包含缺失值处理与异常值处理等；数据集成包含实体识别与冗余属性识别等；数据变换包含简单函数变换、规范化、连续属性离散化、属性构造与小波变换等；数据规约包含属性规约与数值规约等。这些具体内容详见本书第 4 章的描述。

在数据清洗中，清除了与数据挖掘目标无关的数据，例如重复记录、中间类型网页、律师登录助手的页面、咨询发布成功页面、不含关键字的主网址、快搜与免费发布咨询的记录、其他类别带有"？"的记录、无.html 点击行为的用户记录等；进一步筛选以 html 为后缀的网页以及咨询与知识相关的记录。

在数据变换中，主要包含归并翻页的网址以及数据分类处理。

在属性规约中，从原始数据中提取模型所需要的用户与用户访问网页这两个数据属性，将其他属性删除掉。

1.3.5　数据挖掘建模

当定义好数据挖掘目标，也完成了数据采集、抽取、探索与预处理操作后，接下来就要考虑数据挖掘模型构建的问题了。数据挖掘模型主要分为分类、聚类、回归、关联分析、时序分析、智能推荐等。首先要根据挖掘目标明确此次建模属于上述提到的哪一类数据挖掘模型，然后准备采取何种算法来对相关数据进行模型构建，最终实现前期定义的数据挖掘目标。

本案例数据挖掘目标旨在从海量数据中快速发现用户感兴趣的网页，并进行推荐。针对 1.3.4 节所获取的数据，采用协同过滤算法进行推荐。这里主要包含两类算法：个性化的推荐算法与非个性化的推荐算法。其中，前者指的是基于物品的协同过滤算法，后者为 Random 与 Popular 算法。

1.3.6　模型评价

通过 1.3.5 节得到的模型，有可能是没有实际意义或实用价值的，或者是不能够准确反映样本数据的真实意义，甚至在某些情况下是与事实相反的。因此，需要对构建的模型实施评估，从诸多模型中选取出最优的模型，使其更好地反映数据的真实性。

通常会根据所构建的模型设立相对应的模型评价指标(不同的数据挖掘模型，其模型评价指标不同，具体参见第 5 章挖掘模型的内容)，然后针对训练数据集验证数据集并测试数据集，观测模型在各个评价指标上的表现情况。

通过模型评价寻找最优模型后，还需要根据实际业务需求对该模型进行解释以及部署应用。

设定模型评测指标为准确率与召回率，然后对比多种推荐算法(个性化的推荐算法与非个性化的推荐算法)，通过模型评价得到最优智能推荐模型，最后通过模型对样本数据进行预测，从而获得推荐结果。

1.4　常用数据挖掘工具

数据挖掘工具是使用数据挖掘技术从大型数据集中发现并识别模式的计算机软件。下面将介绍在数据挖掘过程中常用的几种数据挖掘工具。

1. R 语言

R 是属于 GNU 系统的一个自由、免费、源代码开放的软件，它是一套完整的数据处理、计算和制图软件系统。其功能主要包括：数据存储和处理系统；数组运算工具(其向量、矩阵运算方面功能尤其强大)；完整连贯的统计分析工具；优秀的统计制图功能；简便而强大的编程语言(可操纵数据的输入和输出，可实现分支、循环，用户可自定义功能)。由于该语言具备易用性和可扩展性，近年来，越来越被人们所熟知，被广泛应用于数据挖掘、开发统计软件以及数据分析中。此外，它还提供统计和制图技术，包括线性和非线性建模，经典的统计测试，时间序列分析、分类、收集等。

2. Python 语言

Python 是一种计算机编程语言，而且是一种面向对象的解释性脚本语言。它具有简单、易学、速度快、免费开源、可移植性与可扩展性强、含大量丰富的第三方库等特点，因而受到广大编程人员的青睐，被称为最受欢迎的程序设计语言。该语言可以应用于以下领域：Web 和 Internet 开发、科学计算和统计、教育、桌面界面开发、软件开发、后端开发等。

Python 并没有给用户提供专门的数据挖掘环境，但它却是目前使用最广泛的数据挖掘工具之一。这主要归功于 Python 自带功能十分强大的第三方库。例如，用于科学计算的第三方库 Numpy、Scipy、Matplotlib，它们提供了快速数组处理、数值运算以及绘图功能；Pandas、Statsmodels 等第三方库提供了数据处理与分析统计功能；Scikit-Learn、Keras、Tensorflow 等第三方库提供了实现数据挖掘与深度学习的功能。综合来说，Python 是一种适合用于进行数据挖掘的编程语言。

3. WEKA

WEKA (Waikato Environment for Knowledge Analysis)是一款经典的数据挖掘工具，初始版本是非 Java 的，主要为了用于分析农业领域数据而开发。该工具基于 Java 版本，比较复杂，包括数据分析以及预测建模的可视化和算法。它支持多种标准数据挖掘任务，包括数据预处理、收集、分类、回归分析、可视化和特征选取。

普通用户可以通过 WEKA 提供的图形化界面实现预处理、分类、聚类、关联规则、文本挖掘、可视化等；而高级用户则可以通过 Java 编程和命令行来调用其分析组件。其他的开源数据挖掘软件也支持调用 WEKA 中的各种分析组件。在 WEKA 论坛中，用户还可发现像实现文本挖掘、可视化、网格计算等功能的诸多扩展包。

4. KNIME

KNIME (Konstanz Information Miner)是一款基于 Eclipse、使用 Java 语言编写的用于开源数据分析、报告和综合的平台，拥有数据提取、集成、处理、分析、转换以及加载所需的全部功能的数据挖掘工具。此外，它提供的图形用户界面可帮助用户轻松连接节点进行数据处理。

它集成了数据挖掘和机器学习的各种组件，非常有助于分析商业情报和财务数据。此外，用户还可通过随时添加附加功能来自由扩展 KNIME 的功能。

5. TipDM

TipDM 是一个由广州泰迪智能科技有限公司自主研发，基于 Python 引擎，用于数据挖掘建模的开源平台。用户可在没有 Python 编程基础的情况下，通过拖曳的方式进行操作，将数据输入/输出、数据预处理、挖掘建模、模型评估等环节通过流程化的方式进行连接，使用户可以理解数据，并设计数据挖掘流程和可重用组件，以达到数据分析挖掘的目的。

6. SAS

SAS(Statistical Analysis System)是由美国北卡罗来纳州立大学于 1966 年开发的统计分析软件。它是一个模块化、集成化的大型应用软件系统，由数十个专用模块构成，功能包括数据访问、数据储存及管理、应用开发、图形处理、数据分析、报告编制、运筹学方法、计量经济学与预测等。SAS 系统基本上可以分为四大部分：SAS 数据库部分、

SAS 分析核心、SAS 开发呈现工具、SAS 对分布处理模式的支持及其数据仓库设计。该系统主要完成以数据为中心的四大任务：数据访问、数据管理、数据呈现与数据分析。

用户可以使用 SAS 数据挖掘商业软件发掘数据集的模式，其描述性和预测性模型为用户更深入地理解数据提供了基础。用户不需要写任何代码，因为它们提供了易于使用的图形用户界面(Graphical User Interface, GUI)，并提供从数据处理、集群到最终环节的自动化工具，用户可以从中得出最佳结果，从而做出正确决策。由于它属于商业数据挖掘软件，因此其中包含很多高端的工具，包括自动化、密集像算法、建模、数据可视化等。

7. SPSS

SPSS(Statistical Product and Service Solutions)即"统计产品与服务解决方案"软件，是 SPSS 公司为 IBM 公司推出的一系列用于统计学分析运算、数据挖掘、预测分析和决策支持任务的软件产品及相关服务的总称。它是世界上最早的统计分析软件，由美国斯坦福大学的三位研究生于 1968 年研发成功。

SPSS 有以下特点：

(1) 界面非常友好，操作方便；编程方便，只需告诉系统要做什么，无须告诉它怎样做。

(2) 功能强大，具有完整的数据输入、编辑、统计分析、报表、图形制作等功能；也提供了简单的统计描述和复杂的多因素统计分析方法，比如数据的探索性分析、统计描述、列联表分析、二维相关、秩相关、偏相关、方差分析、非参数检验、多元回归、生存分析、协方差分析、判别分析、因子分析、聚类分析、非线性回归、Logistic 回归等。

(3) 能够读取及输出多种格式的文件。

(4) 用户可以根据自己的分析需要和计算机的实际配置情况灵活选择该软件中的若干模块。

通过使用该软件，用户可以基于界面化的操作完成数据挖掘的各个环节，例如数据导入、数据清洗、数据探索性分析、模型选择、模型评估、结果输出等。

上述介绍的几款数据挖掘软件，除 SAS 和 SPSS 为商业软件，需要付费使用外，其他均是开源软件。它们各自都有一定的优点与缺点。在数据挖掘过程中，用户可结合实际需求选择或者组合使用多个软件。普通用户可以选用界面友好、易于使用的软件；致力于算法开发的用户则可以根据软件开发工具的不同来选择相应的软件。

1.5　数据挖掘现状及应用前景

随着计算机的快速发展与数据量的急剧增加，人们对于数据生成、搜集、存储、分析等处理技术的要求也越来越高。因此，新型的数据挖掘技术应运而生，快速取代了传统的数据处理技术。数据挖掘的主要目的是从海量数据中筛选出关键数据，并采用相关方法进行加工处理，发现被忽略的数据，从中寻找某种规律，为决策者提供科学合理的数据分析报告，从而提高决策的正确率。

1993 年，中国科学院合肥分院率先得到国家自然基金支持，开始展开数据挖掘技术方面的研究。从此，我国对数据挖掘技术的研究拉开了序幕，研究工作主要由相关专业的大学教授以及数据处理机构承担。伴随着 IT 技术的发展以及市场交易的扩大，数据挖掘已在金融、电信、网络、零售、制造、医疗保健等领域得到广泛应用。国内掀起了研究数据挖掘知识技术的理论与实际应用的热潮，研究单位主要包括高等院校与科研机构。例如，复旦大学与华中理工大学等高校致力于研究数据挖掘技术的算法计算与改造；南京大学主要研究非结构化数据知识的网页挖掘技术。

  在国家政策和相关组织机构的大力扶植与支持下，我国数据挖掘技术研究取得了重要成果。例如，由南京大学周志华教授带队的数据挖掘技术研究小组在亚太数据挖掘国际会议中表现突出，取得佳绩，并在数据挖掘编程大赛中夺得桂冠；中国香港大学黄哲学教授的论文在亚太数据挖掘国际会议中获得大奖。

  我国数据挖掘技术研究起步较晚，虽然已取得一定的进展，但是与国外数据挖掘技术相比，仍有较大的差距。它主要表现在相关理论研究方面以及对数据挖掘技术的实际应用方面。一方面，国内的数据挖掘技术研究尚处在起步阶段，还没有较成熟的理论与技术应用成果。就目前国内数据挖掘技术应用来看，企业大规模地运用数据挖掘技术尚不普遍，仅个别企业或部门在运用该技术。另一方面，关于数据挖掘技术的软件研发也尚不成熟。目前，数据挖掘工具大致分为两类：一类是基于统计分析的软件，如 SAS、SPSS 等；另一类是应用与新技术，如模糊逻辑、人工神经网络等。但这些软件各自有所侧重，并不是适合应用于任何数据挖掘技术的软件。数据挖掘工具与实际应用的问题紧密相关，在实践中需要根据应用需求开发相对应的数据挖掘工具。

  数据挖掘技术是一个充满希望、有前途的研究领域，商业利益强大的驱动力将会不停地促进它的发展。数据挖掘技术未来的发展方向主要体现在以下几个方面：

  (1) 新的专门用于知识发现的类似 SQL 的形式化和标准化的数据挖掘语言将会出现。

  (2) 可视化的数据挖掘过程使得用户易于理解、挖掘且能操纵它。它可使数据挖掘过程成为用户业务流程的一部分。它包括数据用户化呈现与交互操纵两部分。

  (3) Web 下的网络挖掘的应用技术的发展。数据挖掘服务器与数据库服务器配合实现数据挖掘。届时可在因特网上建立强大的数据挖掘引擎与数据挖掘服务市场。

  (4) 融合各种异构数据的挖掘技术，从而既可以在数据外的文本、图形、多媒体上实施挖掘，又可以在数据库外的信息、新闻、广播市场上实施挖掘。

本 章 小 结

  本章首先介绍了数据挖掘的基本概念，并通过列举数据挖掘在各个领域的应用案例阐述数据挖掘的基本任务；然后以电子商务网站用户行为分析及服务推荐为例，向读者展示了数据挖掘建模过程，包括定义数据挖掘目标、数据采集与抽样、数据探索、数据预处理、数据挖掘建模与模型评价等环节，这些环节在后续章节中均有详细介绍；最后对数据挖掘过程中常见的挖掘工具、数据挖掘现状及应用前景做了简单介绍。通过学习本章的内容，读者能够对数据挖掘的相关知识有所了解，并体会到数据挖掘在实际应用领域表现出的潜在价值，从而为学习后续章节的内容奠定良好基础。

第 2 章　Python 概述

Python 是近年来非常热门的一种编程语言，具有简单易学、免费开源、高层语言、可移植性、解释性、面向对象、可扩展性、可嵌入性、库资源丰富等特点。因此，它在许多领域成为编写脚本或开发应用程序的理想编程语言。本书选择 Python 语言对大量数据进行数据挖掘分析与处理。为了让读者更好地了解该编程语言，本章介绍了 Python 的相关知识点，具体内容如下：

- Python 的基本概念、使用版本与应用领域；
- Python 开发环境搭建(Python、PyCharm、Anaconda 软件的下载与安装)；
- 基于 Python 编写简单程序；
- Python 中与数据挖掘相关的第三方库。

2.1　初识 Python

Python 是一种面向对象的解释型计算机程序设计语言，由荷兰人 Guido van Rossum 于 1989 年发明，第一个公开发行版发行于 1991 年。此时的 Python 已经具有了类、函数、异常处理、包含表和词典在内的核心数据类型以及以模块为基础的拓展系统。

2000 年，Python 2.0 由 BeOpen PythonLabs 团队发布，加入了内存回收机制，奠定了 Python 语言框架的基础。

2008 年，Python 3 发布，此版本对语言进行了彻底的修改，但没有向后兼容。

Python 语言具有以下特点：

(1) Python 是基于 C 语言开发的，但它却不再有 C 语言中的指针等复杂的数据类型。

(2) Python 具有很强的面向对象特性，而且简化了面向对象的实现。它消除了保护类型、抽象类、接口等面向对象的元素。

(3) Python 代码块使用空格或制表符缩进的方式分隔代码。

(4) Python 仅有 31 个保留字，而且没有分号、begin、end 等标记。

(5) Python 是强类型语言，变量创建后会对应一种数据类型，出现在同一表达式中的不同类型的变量需要做类型转换。

Python 语言具有开源免费、易于维护、支持交互式、可跨平台移植、易于使用、简单优雅、广泛的标准库、功能强大以及可扩展、可嵌入等优点。同时，它也存在一些缺点，主要包含以下两点：

1. 运行速度慢

因 C 语言在运行前会被直接编译成 CPU 能执行的机器码，所以 C 语言程序运行速度较快。Python 是解释型语言，运行时翻译为机器码耗时较多，因此 Python 程序运行速度相对 C 语言要慢些。

2. 代码不能加密

Python 写的源代码通常是不加密的，想要发布编写的 Python 程序，实际上发布的是它的源代码，这一点和 C 语言不同，C 语言不用发布源代码，只需要把编译后的机器码(也就是 Windows 上常见的.exe 文件)发布出去。想要从机器码反推出 C 语言代码是不可能的，所以凡是类似于 C 语言编译型的语言，其代码是可以加密的，类似于 Python 的解释型语言，代码是不能加密的。

2.1.1　Python 的版本

目前，有四种产品完备、强大和稳定的主流 Python 实现：

(1) CPython：这是老版本的 Python，即人们通常所称的 Python。它既是编译器也是解释器，有自己的一套标准程序包和模块，采用标准 C 语言编写。该版本可以直接用于当前主流的操作系统平台，且大多数的 Python 第三方程序包和库与此版本相兼容。

(2) PyPy：这是 CPython 编程语言的替代实现。其代码运行速度比 CPython 代码运行速度快，因为 PyPy 是一个即时编译器，有时提供 10~100 倍的加速；它还有更高的内存效率，支持 greenlet 和 stackless，从而具有高并行性和并发性。

(3) Jython：这是基于 Java 平台的 Python 实现，它支持 Java 虚拟机(Java Virtual Machine，JVM)，适用于任何版本的 Java(最好是 7 以上)。使用 Jython 时可以用所有类型的 Java 库、包和框架来编写代码。

(4) IronPython：这是流行的 Microsoft .NET 框架的 Python 实现，也称为通用语言运行时(Common Language Runtime，CLR)。用户可以使用 IronPython 中的所有 Microsoft CLR 库和框架，即使实质上并不需要在 C# 中编写代码，它也有助于用户更多地了解 C# 的语法和构造，从而有效地使用 IronPython。

当前主要使用默认的 Python 版本，即 CPython 实现，主要包含 Python 2.X 和 Python 3.X。Python 3.X 和 Python 2.X 是不兼容的，而且二者之间存在较大的差异。相比于 Python 2.X，Python 3.X 做出了许多改进。

本文基于 Python 3.X 进行程序的开发与设计。相对于 Python 2.X 来说，Python 3.X 主要有以下变化：

(1) 使用 print()函数取代了 print 语句。

(2) 有了 Unicode (utf-8) 字符串与一个字节类(byte 和 bytearray)。

(3) 除法运算。在 Python 2.X 中用"/"实现两个整数相除，结果是一个整数，小数部分被完全忽略掉；浮点数做除法运算，结果会保留小数点的部分，从而得到一个浮点数的结果。但在 Python 3.X 中不再这么做了，两个整数相除，结果也会是浮点数。

(4) 在 Python 3.X 中，使用"as"作为关键词，捕获异常的语法由"except exc，var"改为了"except exc as var"。当使用语法"except (exc1, exc2) as var"时，可以同时捕获多种类型的异常。

(5) 在 Python 2.X 中使用 xrange()创建迭代对象的用法是非常流行的。在 Python 3.X

中则不再使用 xrange()，而是使用 range()取代 xrange()完成迭代功能。

(6) 在 Python 3.X 中，表示八进制字面量的方式只有一种，就是 0o1000。

(7) 在 Python 3.X 中去掉了"<>"，只采用"!="这一种写法来表示不等运算符。

(8) 在 Python 3.X 中去掉了"``"这种写法，只允许使用 repr 函数。

(9) 多个模块被改名(根据 PEP8)。StringIO 模块被合并到新的 io 模组内；删除 new、md5、gopherlib 等模块；httplib、BaseHTTPServer、CGIHTTPServer、SimpleHTTPServer、Cookie、cookielib 被合并到 http 包内；exec 语句被取消，仅保留了 exec()函数。

(10) 去除了 long 类型，现在只有一种整型(int)；新增了 bytes 类型；dict 的.keys()、.items 和.values()方法返回迭代器，而之前的 iterkeys()、iteritems()等函数都被废弃。同时去掉的还有 dict.has_key()，用 in 替代它。

2.1.2　Python 的应用领域

目前，Python 在 Web 应用开发、科学计算、游戏开发、桌面软件、服务器软件(网络软件)、网络爬虫、数据分析、金融、大数据与云计算、人工智能等领域得到广泛应用。

1. Web 应用开发

Python 是开发 Web 应用程序的主流语言。相比于 JS、PHP，它在语言层面较为完备，对于同一个开发需求能够提供多种方案，而且具有十分丰富的库，使用方便。Python 在 Web 方面也有自己的框架，现有的 Python Web 框架有 Django、TurboGears、Web2py、Zope、Flask 等。通过使用这些框架，程序员能够轻松地开发复杂的 Web 应用程序，并对其进行高效率的管理。用 Python 开发的 Web 项目小而精，支持最新的 XML 技术，而且数据处理的功能较为强大。

2. 科学计算

随着 Numpy、Scipy、Matplotlib、Enthought librarys 等众多程序库的开发，Python 越来越适合进行科学计算，绘制高质量的 2D 和 3D 图像。通过使用 Numpy、Scipy、Matplotlib 这样的程序库，Python 程序员可以高效地编写科学计算程序。与科学计算领域最流行的商业软件 Matlab 相比，Python 有更多程序库的支持，应用范围更广泛，是一门通用的程序设计语言。

3. 游戏开发

Python 在网络游戏开发中也有很多应用。与 Lua、C++ 相比，Python 有更高阶的抽象能力，能用更少的代码完成游戏业务逻辑的描述，且更适合作为一种 Host 语言。当前，大多数游戏主要采用 C++编写图形显示等高性能模块，而使用 Python 或 Lua 来编写游戏的逻辑和服务器。

4. 桌面软件

通过使用 PyQt、PySide、wxPython、PyGTK 等库，Python 可以快速开发桌面应用程序。

5. 服务器软件(网络软件)

由于 Python 对各种网络协议的支持很完善，因此经常被用于编写服务器软件、网络爬虫。第三方库 Twisted 支持异步网络编程和多数标准的网络协议(包含客户端和服务器)，并且提供了多种工具，被广泛用于编写高性能的服务器软件。

6. 网络爬虫

网络爬虫也称作网络蜘蛛，是大数据行业获取数据的核心工具。目前，用于编写网络爬虫的编程语言很多，但主流的编程语言还是 Python，其 Scrapy 爬虫框架应用非常广泛。通过使用 Scrapy、Request、BeautifulSoup、urllib 等，用户可以爬取自身所需的数据，用于科学研究与计算。

7. 数据分析

通过网络爬虫或其他形式获取的大量数据中一般隐藏着重要的价值，需要采用数据挖掘、机器学习等技术进行有效挖掘。为保证数据挖掘的速度与准确性，还需要对这些数据做前期的数据分析与处理，例如对数据进行清洗、去重、规格化、针对性的分析等操作。目前，Python 是数据分析与处理的主流语言之一。

8. 金融

由于 Python 语言结构清晰简单、程序库较丰富、性能成熟稳定，在科学计算和统计分析方面有广泛应用，因此相较于 C、C++、Java 等编程语言，它具有较高的生产效率，特别是善于策略回测。当前，在金融工程领域，Python 应用频繁，而且重要性也在逐年提高。

9. 大数据与云计算

Python 是大数据、云计算领域应用最多的语言，典型应用是 OpenStack。

10. 人工智能

人工智能是当前科技发展的新方向，在智慧城市、智慧医疗、智慧交通中都有较高的市场需求与实践机会。人工智能领域的程序可以使用几乎所有的编程语言实现，常见的有 Lisp、Prolog、C、C++、Java 以及 Python。但由于 Python 语言开源免费、易维护、标准库丰富、功能强大、可移植、可扩展，因此该语言在人工智能大范畴领域内的机器学习、神经网络、深度学习等方面都是主流的编程语言，得到了广泛的支持和应用。

人工智能的实现得益于高质量的开发框架和 AI 库，包括 Google 的 TensorFlow、Microsoft 的 CNTK、数值计算库 Theano、深度学习框架 Caffe、开源的神经网络库 Keras、开源的机器学习库 Torch、可扩展的机器学习库 Apache Spark MLlib 以及机器学习 Python 库 Scikit-Learn。

2.2　搭建 Python 开发环境

Python 开发环境的搭建主要包含 Python、PyCharm 以及 Anaconda 的下载与安装。

2.2.1　下载与安装 Python

若要开发 Python 程序，则需要下载与安装 Python 的运行环境。目前，大部分用户的计算机使用 Windows、Mac 和 Linux 三大操作系统，且 Python 是跨平台的。因此，本文将

基于三大操作系统平台详细介绍 Python 的下载与安装。Python 的官网网址为
https://www.python.org/downloads，不同时间段所看到的 Python 版本略有不同，为不同操
作系统展示了相应的 Python 安装包下载链接。用户可以根据实际需求下载相应操作系统平
台的 Python 安装包并进行安装。

　　用户单击 Windows 链接后，会进入基于 Windows 操作系统的 Python 安装包下载页面，
如图 2.1 所示。当前用户多数采用 Python 3 进行 Python 相关学习与研究，因此在这里可根
据 Windows 版本选择对应的 Python 3.8.1 版本进行下载。如果操作系统为 Windows 32 位
系统，则下载 Windows x86 executable installer；如果操作系统为 Windows 64 位系统，则下
载 Windows x86-x64 executable installer。

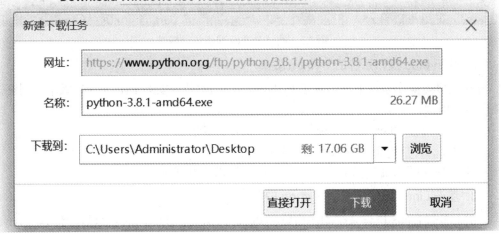

图 2.1　下载 Python 3.8.1

1. 基于 Windows 操作系统的 Python 安装

　　步骤 1：双击下载的可执行文件(如 python-3.8.1-amd64.exe)，会出现如图 2.2 所示的
界面。

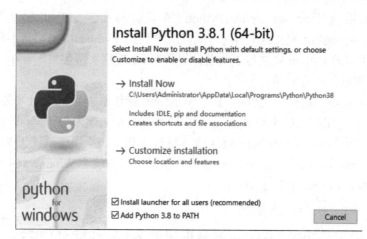

图 2.2　基于 Windows 操作系统的 Python 安装

步骤 2：勾选复选框 "Add Python 3.8 to PATH"，以便自动将 Python 的路径加到 PATH 环境变量中；从 "Install Now" 和 "Customize installation" 中任选一个安装选项，开始安装 Python，通常单击 "Install Now" 即可。

步骤 3：测试 Python 是否安装成功。在 Windows 下使用 cmd 打开命令行，输入 python，如图 2.3 所示表示安装成功。

```
C:\Users\Administrator>python
Python 3.8.1 (tags/v3.8.1:1b293b6, Dec 18 2019, 23:11:46) [MSC v.1916
 64 bit (AMD64)] on win32
Type "help", "copyright", "credits" or "license" for more information
>>>
```

图 2.3　测试 Python 是否安装成功

2. 基于 Mac 操作系统的 Python 安装

由于 Mac 操作系统中仅内置了 Python 2.7，因此若要安装 Python 3.X 版本，则还需要操作以下步骤。

步骤 1：到 Python 官网下载相应的 Python 安装包。

步骤 2：双击 Python 安装包，不断单击 "下一步" 按钮，直到安装成功。

步骤 3：打开电脑终端，输入 Python 3，进入交互式环境。

3. 基于 Linux 操作系统的 Python 安装

由于多数 Linux 操作系统均已内置了 Python 2.X 与 Python 3.X (可以在终端输入 python -version，来查看 Python 的版本)，因此若要安装指定版本的 Python(例如 Python 3.8.1)，只需要在终端输入命令：sudo apt -get install python 3.8.1。

2.2.2　下载与安装 PyCharm

1. 下载 PyCharm

当 Python 环境安装成功后，还需要安装一个集成开发环境 PyCharm，用于开发 Python

程序。进入 PyCharm 的官网(https://www.jetbrains.com/pycharm)，下载 Community 的
PyCharm 安装包。

2. 安装与配置 PyCharm

步骤 1：在"Installation Options"选项卡中分别勾选"64-bit launcher""Add"Open Folder
as Project"" ".py" "Add launchers dir to the PATH"，如图 2.4 所示。

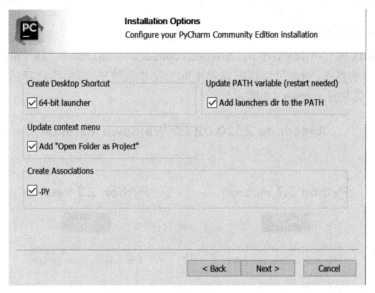

图 2.4　Installation Options 配置页面

步骤 2：Create Project 页面配置，如图 2.5 所示，在"Location"处的文本框中显示新
建 Python 工程项目的默认存储路径，用户也可以自定义存储路径。单击"Project Interpreter"
之后，可以选择自定义 Python 解释器，也可以选择"Existing interpreter"。

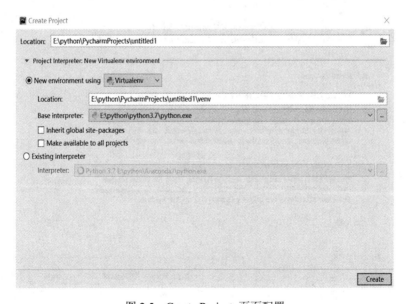

图 2.5　Create Project 页面配置

2.2.3　下载与安装 Anaconda

开发一个可以实现复杂功能的 Python 程序时，Python 自身提供的模块已不够使用，还需要安装大量的第三方模块，这样做费时费力。此时可以选用集成几乎所有常用科学计算库的 Anaconda(如 Pandas、Numpy、Matplotlib 等)。它是一个免费软件，并且集成了大量第三方库，用户无须安装便可以直接使用。

1. 下载 Anaconda

在 Anaconda 的官网(https://www.anaconda.com/download) 单击"Download"按钮，进入如图 2.6 所示的界面，用户可以根据自己电脑的操作系统平台、位数选择适当的 Anaconda 安装包下载(建议选择 Python 3.7 版本的)。

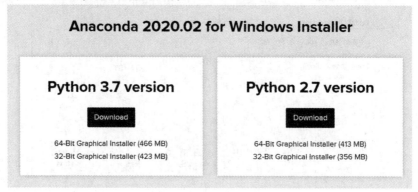

图 2.6　下载 Anaconda

2. 安装 Anaconda

安装 Anaconda 的核心步骤是配置 Advanced Installation Options，如图 2.7 所示。

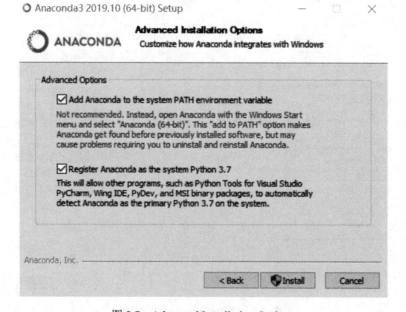

图 2.7　Advanced Installation Options

3. 使用 Anaconda

步骤 1：Anaconda 安装完成后，可以单击系统左下角的 Windows 图标找到 Anaconda3 文件夹，查看所包含的内容，如图 2.8 所示。

图 2.8　Anaconda3 内容

步骤 2：在图 2.8 中单击"Anaconda Prompt"，弹出如图 2.9 所示的窗口。在该窗口中输入命令"conda list"，可以查看目前已安装的包，如 Numpy、Scipy、Matplotlib、Pandas 等，说明 Anaconda 已经安装成功。

```
(base) C:\Users\Administrator>conda list
# packages in environment at E:\python\Anaconda3:
#
# Name                     Version                   Build  C
hannel
_ipyw_jlab_nb_ext_conf     0.1.0                     py37_0
alabaster                  0.7.12                    py37_0
anaconda                   2019.10                   py37_0
anaconda-client            1.7.2                     py37_0
anaconda-navigator         1.9.7                     py37_0
anaconda-project           0.8.3                       py_0
asn1crypto                 1.0.1                     py37_0
astroid                    2.3.1                     py37_0
astropy                    3.2.1              py37he774522_0
```

图 2.9　测试 Anaconda 是否安装成功

步骤 3：用户也可以在图 2.8 中单击"Spyder"，进入如图 2.10 所示的界面。它是一个使用 Python 语言，跨平台的科学运算集成开发环境。接下来，用户便可以在 Spyder 编辑器中进行 Python 代码的编写了。

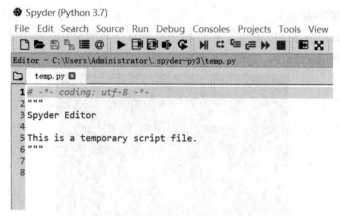

图 2.10　Spyder 应用界面

2.3　基于 Python 编写简单案例

以社区版的 PyCharm 为开发环境，编写一个 Python 程序，实现两个整数的求和运算。

步骤 1：单击 "File" → "New Project"，新建工程项目 "untitled10"，然后单击 "New"
→ "Python File"，进入如图 2.11 所示的界面。

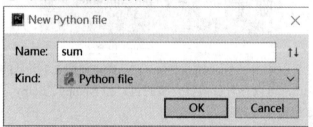

图 2.11　新建 sum.py 文件

步骤 2：在 "Name" 后的文本框中输入文件名 "sum"，然后单击 "OK" 按钮进入如
图 2.12 所示的界面。在 sum.py 中用户可输入两个数求和的 Python 代码。

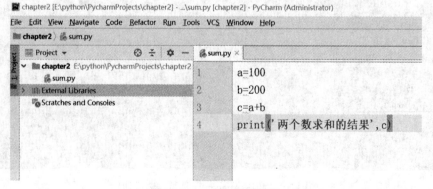

图 2.12　sum.py 页面代码

步骤 3：在 sum.py 中任意空白处单击右键，选择 "Run sum"，得出程序运行结果，如
图 2.13 所示。

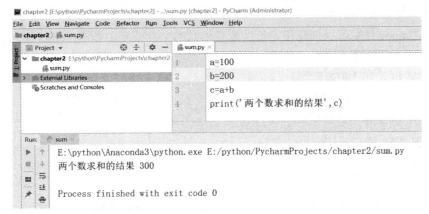

图 2.13　sum.py 运行结果

2.4　Python 中与数据挖掘相关的第三方库

Python 包含了丰富的第三方库，且功能十分强大，以下列举了与数据挖掘相关的第三方库，并对其进行简介。

2.4.1　Numpy

Numpy(Numerical Python 的简称)是 Python 的开源数字扩展，也是定义数值数组和矩阵类型以及基本运算的语言扩展，用于矩阵数据、矢量处理等，还是高性能科学计算和数据分析的基础包。其部分功能如下：

(1) ndarray 是一个具有矢量算术运算和复杂广播能力的快速且节省空间的多维数组。

(2) 用于对整组数据进行快速运算的标准数学函数(无须编写循环)。

(3) 用于读写磁盘数据的工具以及用于操作内存映射文件的工具。

(4) 线性代数、随机数生成以及傅里叶变换功能。

(5) 用于集成由 C、C++、Fortran 等语言编写的代码的工具。

1. ndarray

1) 创建 ndarray

创建数组最简单的办法就是使用 array 函数。它接受一切序列型的对象(包括其他数组)，然后产生一个新的含有传入数据的 Numpy 数组。其中嵌套序列(比如由一组等长列表组成的列表)将会被转换为一个多维数组。

执行：

```
>>> import Numpy as np
>>> a = [1, 2, 3, 4]          #创建简单的列表
>>> b = np.array(a)           #将列表转换为数组
>>> b
```

程序运行结果如下：

```
array([1, 2, 3, 4])
```

2) 可以新建数组的函数

zeros 和 ones 分别可以创建指定长度或者形状的全 0 或全 1 数组； Empty 可以创建一个没有任何具体值的数组。

```
#创建 10 行 10 列的数值为浮点 0 的矩阵
array_zero = np.zeros([10, 10])
#创建 10 行 10 列的数值为浮点 1 的矩阵
array_one = np.ones([10, 10])
```

3) 创建随机数组

(1) 均匀分布。

① np.random.rand(10, 10) #创建指定形状(示例为 10 行 10 列)的数组(为 0~1);

② np.random.uniform(0, 100) #创建指定范围内的一个数;

③ np.random.randint(0, 100) #创建指定范围内的一个整数。

(2) 正态分布。

np.random.normal(1.75, 0.1, (2, 3)) #给定均值/标准差/维度的正态分布。

4) 查看数组属性的用法

数组常见属性用法见表 2.1。

表 2.1　数组常见属性用法

用　法	说　　明
b.size	数组元素个数
b.shape	数组形状
b.ndim	数组维度
b.dtype	数组元素类型

2. 数组和标量之间的运算

数组很重要，因为它可以使我们不用编写循环即可对数据执行批量运算。这通常叫作矢量化。大小相等的数组之间的任何算术运算都会将运算应用到元素级。同样，数组与标量之间的算术运算也会将标量值传播到各个元素。下面的代码展示了数组和标量之间的运算。

执行:

```
>>> arr = np.array([[1., 2., 3.], [4., 5., 6.]])
>>> arr
```

程序运行结果如下:

```
array([[1., 2., 3.],
       [4., 5., 6.]])
```

执行:

```
>>> 1 / arr
```

程序运行结果如下:

```
array([[1.        , 0.5       , 0.33333333],
       [0.25      , 0.2       , 0.16666667]])
```

执行：

>>> arr - arr

程序运行结果如下：

array([[0., 0., 0.],

[0., 0., 0.]])

执行：

>>> arr * arr

程序运行结果如下：

array([[1.,　4.,　9.],

16., 25., 36.]])

执行：

>>> arr ** 0.5

程序运行结果如下：

array([[1. , 1.41421356, 1.73205081],

[2. , 2.23606798, 2.44948974]])

3. 基本的索引和切片

(1) Numpy 数组的索引是一个内容丰富的主题，因为选取数据子集获得单个元素的方式有很多。

(2) 一维数组很简单。从表面上看，它们的功能与 Python 列表的功能差不多。

(3) 跟列表最重要的区别在于，数组切片是原始数组的视图。这意味着数据不会被复制，视图上的任何修改都会直接反映到源数组上。

(4) 将一个标量值赋值给一个切片时，该值会自动传播到整个选区。

执行：

>>> arr = np.arange(10)

>>> arr

程序运行结果如下：

array([0, 1, 2, 3, 4, 5, 6, 7, 8, 9])

执行：

>>> arr[5]

程序运行结果如下：

5

执行：

>>> arr[5:8]

程序运行结果如下：

array([5, 6, 7])

执行：

>>> arr[5:8] = 12

>>> arr

程序运行结果如下：

>>> array([0,　1,　2,　3,　4, 12, 12, 12,　8,　9])

　执行：

>>> arr_slice = arr[5:8]

>>> arr_slice[1] = 12345

>>> arr

程序运行结果如下：

>>> array([0, 1,　2,　3,　4, 12, 12345, 12,　8,　9])

　执行：

>>> arr_slice[:] = 64

>>> arr

程序运行结果如下：

>>> array([0,　1,　2,　3,　4, 64, 64, 64,　8,　9])

(5) 在二维数组中，各索引位置上的元素不再是标量，而是一维数组。

(6) 可以对各个元素进行递归访问，但是这样有点麻烦。

(7) 还有一种方式是传入一个以逗号隔开的索引列表，以此来选取单个元素。

(8) 在多维数组中，如果省略了后面的索引，则返回对象会是一个维度较低的 ndarray。

　执行：

>>> arr3d = np.array([[[1, 2, 3], [4, 5, 6]], [[7, 8, 9], [10, 11, 12]]])

>>> arr3d

程序运行结果如下：

>>> array([[[1,　2,　3],
　　　　　　　[4,　5,　6]],
　　　　　　[[7,　8,　9],
　　　　　　　[10, 11, 12]]])

　执行：

>>> arr3d[0]

程序运行结果如下：

>>> array([[1, 2, 3],
　　　　　　　[4, 5, 6]])

　执行：

>>> arr3d[0][1]

程序运行结果如下：

>>> array([4, 5, 6])

　执行：

>>> arr3d[0, 1]

程序运行结果如下：

>>> array([4, 5, 6])

4. 数学和统计方法

(1) 可以通过数组上的一组数学函数对整个数组或某个轴向的数据进行统计计算。

(2) sum、mean、标准差 std 等聚合计算既可以当做数组的实例方法调用，也可以当做顶级 Numpy 函数使用。

执行：

```
>>> arr = np.random.randn(5, 4)    #正态分布的数据
>>> arr.mean()
```

程序运行结果如下：

```
-0.022341797127577216
```

执行：

```
>>> np.mean(arr)
```

程序运行结果如下：

```
-0.022341797127577216
```

执行：

```
>>> arr.sum()
```

程序运行结果如下：

```
-0.44683594255154435
```

(3) mean 和 sum 这类函数可以接收一个 axis 参数(用于计算该轴向上的统计值)，最终结果是一个少一维的数组。

执行：

```
>>> arr.mean(axis=1)
```

程序运行结果如下：

```
array([-0.11320162, -0.032351, -0.24522299, 0.13275031, 0.14631631])
```

执行：

```
>>> arr.sum(0)
```

程序运行结果如下：

```
array([-1.71093252, 3.4431099 , -1.78081725, -0.39819607])
```

(4) 其他如 cumsum 和 cumprod 之类的方法则不聚合，而是产生一个由中间结果组成的数组。

执行：

```
>>> arr = np.array([[0, 1 , 2], [3, 4, 5], [6, 7, 8]])
>>> arr.cumsum(0)
```

程序运行结果如下：

```
array([[ 0,  1,  2],
       [ 3,  5,  7],
       [ 9, 12, 15]], dtype=int32)
```

执行：

```
>>> arr.cumprod(1)
```

程序运行结果如下：

```
array([[   0,    0,    0],
       [   3,   12,   60],
       [   6,   42,  336]], dtype=int32)
```

(5) 基本数组统计方法如表 2.2 所示。

表 2.2   基本数组统计方法

函 数	说 明
sum	对数组中全部或某轴向的元素求和。零长度的数组的 sum 为 0
mean	算术平均数。零长度的数组的 mean 为 NaN
std、var	分别为标准差和方差，自由度可调 (默认为 n)
min、max	分别为最大值和最小值
argmin、argmax	分别为最大和最小元素的索引
cumsum	所有元素的累加
cumprod	所有元素的累积

5. 线性代数

(1) 线性代数(如矩阵乘法、矩阵分解、行列式以及其他方阵数学等)是任何数组库的重要组成部分。

(2) Numpy 提供了一个用于矩阵乘法的 dot 函数(既是一个数组方法，也是 Numpy 命名空间中的一个函数)。

执行：

```
>>> x = np.array([[1., 2., 3.], [4., 5., 6.]])
>>> y = np.array([[6., 23.], [-1, 7], [8, 9]])
>>> x
```

程序运行结果如下：

```
array([[1., 2., 3.],
       [4., 5., 6.]])
```

执行：

```
>>> y
```

程序运行结果如下：

```
array([[ 6., 23.],
       [-1.,  7.],
       [ 8.,  9.]])
```

执行：

```
>>> x.dot(y)    # 相当于 np.dot(x, y)
```

程序运行结果如下：

```
array([[ 28.,  64.],
       [ 67., 181.]])
```

(3) numpy.linalg 中有一组标准的矩阵分解运算以及诸如求逆和行列式之类的运算。

它们跟 MATLAB、R 等语言所使用的是相同的行业标准级 Fortran 库。

(4) 常见线性代数函数如表 2.3 所示。

表 2.3　常见线性代数函数

函　数	说　明
diag	一维数组的形式返回方阵的对角线 (或非对角线) 元素,或将一维数组转换为方阵 (非对角线元素为 0)
dot	矩阵乘法
trace	计算对角线元素的和
det	计算矩阵行列式
eig	计算方阵的特征值和特征向量
inv	计算方阵的逆
pinv	计算矩阵的广义逆矩阵
qr	计算 OR 分解
svd	计算奇异值分解(SVD)
solve	解线性方程组 $Ax=b$,其中 A 为一个方阵
lstsq	计算 $Ax=b$ 的最小二乘解

2.4.2　Scipy

Scipy 是一款方便、易于使用、专为科学和工程设计的 Python 工具包。它包括统计、优化、整合、线性代数模块、傅里叶变换、信号和图像处理、常微分方程求解器等。

Scipy 函数库在 Numpy 库的基础上增加了众多的数学、科学以及工程计算中常用的库函数。如线性代数、常微分方程数值求解、信号处理、图像处理、稀疏矩阵等。

2.4.3　Matplotlib

Matplotlib 是一套基于 Numpy 的 Python 工具包。这个包提供了丰富的数据绘图工具,主要用于绘制一些统计图形。Matplotlib API 函数都位于 matplotlib.pyplot 模块中,引入方式为 import matplotlib.pyplot as plt。

1. 线形图

plot 函数实现画线功能,其中第一个数组是横轴的值,第二个数组是纵轴的值,最后一个参数表示线的颜色。

(1) 当 plt.plot() 只有一个输入列表或数组时,参数被当做 y 轴,x 轴以索引的方式自动生成。

(2) plt.savefig() 将输出图形存储为文件,默认为 PNG 格式,可以通过 dpi 修改输出质量。

执行代码如下:

```
>>> import matplotlib.pyplot as plt
>>> plt.plot([3, 1, 4, 5, 2])
```

[<matplotlib.lines.Line2D object at 0x000000000B2A0978>]

\>>> plt.ylabel("Grade")

Text(0, 0.5, 'Grade')

\>>> plt.savefig("test", dpi=600)   # PNG 文件

\>>> plt.show()

plot 函数单个参数折线图如图 2.14 所示。

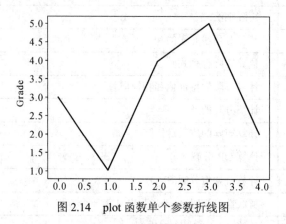

图 2.14   plot 函数单个参数折线图

(3) 当 plt.plot(x, y)有两个以上参数时，按照 x 轴和 y 轴顺序绘制数据点。
执行代码如下：

\>>> import matplotlib.pyplot as plt

\>>> plt.plot([0, 2, 4, 6, 8], [3, 1, 4, 5, 2])

[<matplotlib.lines.Line2D object at 0x000000000DA38470>]

\>>> plt.ylabel("Grade")

Text(0, 0.5, 'Grade')

\>>> plt.axis([-1, 10, 0, 6])

[-1, 10, 0, 6]

\>>> plt.show()

plot 函数两个参数折线图如图 2.15 所示。

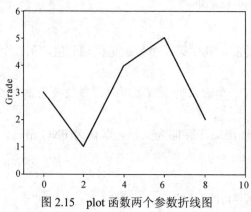

图 2.15   plot 函数两个参数折线图

(4) Pyplot 的基础图标函数如表 2.4 所示。

表 2.4 Pyplot 的基础图标函数

函 数	说 明
plt.plot(x, y, fmt, …)	绘制一个坐标图
plt.boxplot(data, notch, position)	绘制一个箱形图
plt.bar(left, height, width, bottom)	绘制一个条形图
plt.barh(width, bottom, left, height)	绘制一个横向条形图
plt.polar(theta, r)	绘制极坐标图
plt.pie(data, explode)	绘制饼图
plt.psd(x, NFFT=256, pad_to, Fs)	绘制功率谱密度图
plt.specgram(x, NFFT=256, pad_to, F)	绘制谱图
plt.cohere(x, y, NFFT=256, Fs)	绘制 x-y 的相关性函数
plt.scatter(x, y)	绘制散点图，其中 x 和 y 长度相同
plt.step(x, y, where)	绘制步阶图
plt.hist(x, bins, normed)	绘制直方图
plt.contour(x, y, z, n)	绘制等值图
plt.vlines()	绘制垂直图
plt.stem(x, y, linefmt, markerfmt)	绘制柴火图
plt.plot_date()	绘制数据日期

2. 散点图

散点图又称散点分布图，是以一个变量为横坐标，另一个变量为纵坐标，利用散点(坐标点)的分布形态反映变量统计关系的一种图形。subplots 函数和 scatter 函数都可以用来绘制散点图，下面以 subplots 函数为例讲解如何绘制散点图。

执行代码如下：

```
>>> import numpy as np
>>> import matplotlib.pyplot as plt
>>> fig, ax = plt.subplots()
>>> ax.plot(10 * np.random.randn(100), 10 * np.random.randn(100), 'o')
>>> ax.set_title('Simple Scatter')
Text(0.5, 1.0, 'Simple Scatter')
>>> plt.show()
```

程序运行结果如图 2.16 所示。

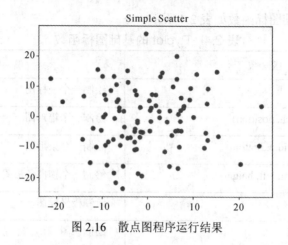

图 2.16 散点图程序运行结果

3. 饼状图

pie 函数用来绘制饼状图，用来表达集合中各个部分所占的百分比。

执行代码如下：

```
>>> import matplotlib.pyplot as plt
>>> labels = 'Frogs', 'Hogs', 'Dogs', 'Logs'
>>> sizes = [15, 30, 45, 10]
>>> explode = (0, 0.1, 0, 0)
>>> plt.pie(sizes, explode=explode, labels=labels, autopct='%1.1f%%', shadow=False, startangle=90)
>>> plt.axis('equal')
>>> plt.show()
```

程序运行结果如图 2.17 所示。

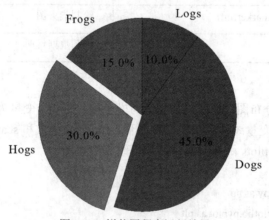

图 2.17 饼状图程序运行结果

4. 直方图

直方图用 hist 函数来绘制。直方图描述了数据中某个范围内数据出现的频度。

执行代码如下：

```
>>> import matplotlib.pyplot as plt
>>> import numpy as np
```

```
>>> np.random.seed(0)
>>> mu, sigma = 100, 20    # 均值和标准值
>>> a = np.random.normal(mu, sigma, size=100)
>>> plt.hist(a, 20, normed=1, histtype='stepfilled', facecolor='b', alpha=0.75)
>>> plt.title('Histogram')
>>> plt.show()
```

程序运行结果如图 2.18 所示。

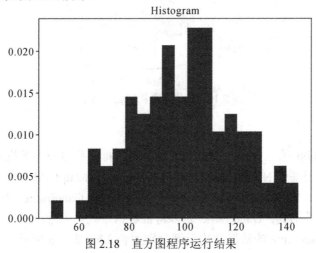

图 2.18　直方图程序运行结果

5. 极坐标图

极坐标图在数据统计和分析中也经常会用到，下面介绍如何使用 Python 来绘制极坐标图。

执行代码如下：

```
>>> import numpy as np
>>> import matplotlib.pyplot as plt
>>> N = 20
>>> theta = np.linspace(0.0, 2 * np.pi, N, endpoint=False)
>>> radii = 10 * np.random.rand(N)
>>> width = np.pi / 4 * np.random.rand(N)
>>> ax = plt.subplot(111, projection='polar')
>>> bars = ax.bar(theta, radii, width=width, bottom=0.0)
>>> for r, bar in zip(radii, bars):
...     bar.set_facecolor(plt.cm.viridis(r / 10.))
...     bar.set_alpha(0.5)
      ⋮
>>> plt.show()
```

程序运行结果如图 2.19 所示。

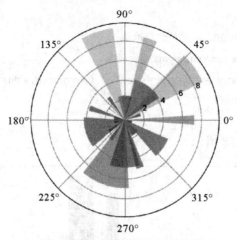

图 2.19　极坐标图程序运行结果

2.4.4　Pandas

　　Pandas 是 Python 第三方库，提供高性能易用数据类型以及高效操作大型数据集所需的分析工具。它主要基于 Numpy 实现，通常与 Numpy、Matplotlib 一起使用。

　　Pandas 中有两大核心数据结构：Series(一维数据) 和 DataFrame。其中，Series 的数据结构为"键值对"的形式；DataFrame 是多特征数据，既可以进行行索引，又可以进行列索引。Series 和 DataFrame 的数据结构示例分别如表 2.5、表 2.6 所示。

表 2.5　Series 数据结构示例

index (索引)	value (值)
0	12
1	4
2	7
3	9

表 2.6　DataFrame 数据结构示例

index (索引)	writer (作者)	title (标题)	price (价格)
0	mark	cookbook	23.56
1	barket	HTML5	50.70
2	tom	Python	12.30
3	job	Numpy	28.00

1. Series

　　(1) Series 是一种类似于一维数组的对象，它由一维数组(各种 Numpy 数据类型)以及一组与之相关的数据标签(即索引)组成。

　　(2) Series 的创建。

　　① 使用 Python 数组创建。

执行：

```
>>> import pandas as pd
>>> import numpy as np
>>> pd.Series([11, 12], index=["北京", "上海"])
```

程序运行结果如下：

```
北京     11
上海     12
dtype: int64
```

② 使用 Numpy 数组创建。

执行：

```
>>> pd.Series(np.arange(3, 6))
```

程序运行结果如下：

```
0     3
1     4
2     5
dtype: int32
```

③ 使用 Python 字典创建。

执行：

```
>>> pd.Series({"北京": 11, "上海": 12, "深圳": 14})
```

程序运行结果如下：

```
北京     11
上海     12
深圳     14
dtype: int64
```

注意：与字典不同的是 Series 允许索引重复。

(3) Series 的字符串表现形式为索引在左边，值在右边。

① 如果没有为数据指定索引，则自动创建一个 0 到 $N-1$(N 为数据的长度)的整数型索引。

② 可以通过 Series 的 values 和 index 属性获取其数组表示形式和索引对象。

执行：

```
>>> obj = pd.Series([4, 7, -5, 3])
>>> obj.values
```

程序运行结果如下：

```
array([ 4,   7, -5,   3], dtype=int64)
```

执行：

```
>>> obj.index
```

程序运行结果如下：

```
RangeIndex(start=0, stop=4, step=1)
```

③ 与普通 Numpy 数组相比，Series 可以通过索引的方式选取其中的单个或一组值。

执行：

>>> obj[2]

程序运行结果如下：

-5

执行：

>>> obj[1] = 8

>>> obj[[0, 1, 3]]

程序运行结果如下：

0   4

1   8

3   3

dtype: int64

④ Series 中最重要的一个功能是：它会在算术运算中自动对齐不同索引的数据。

执行：

>>> obj2 = pd.Series({"Ohio": 35000, "Oregon": 16000, "Texas": 71000, "Utah": 5000})

>>> obj3 = pd.Series({"California": np.nan, "Ohio": 35000, "Oregon": 16000, "Texas": 71000})

>>> obj2 + obj3

程序运行结果如下：

California   NaN

Ohio   70000.0

Oregon   32000.0

Texas   142000.0

Utah   NaN

dtype: float64

⑤ Series 对象本身及其索引都有一个 name 属性，该属性与 Pandas 其他的关键功能关系非常密切。

执行：

>>> obj3.name= 'population'

>>> obj3.index.name = 'state'

>>> obj3

程序运行结果如下：

state

California   NaN

Ohio   35000.0

Oregon   16000.0

Texas   71000.0

Name: population, dtype: float64

⑥ Series 的索引可以通过赋值的方式修改。

执行：

```
>>> obj = pd.Series([4, 7, -5, 3])
>>> obj.index = ['Bob', 'Steve', 'Jeff', 'Ryan']
>>> obj
```
程序运行结果如下：
```
Bob      4
Steve    7
Jeff     -5
Ryan     3
dtype: int64
```

2. DataFrame

(1) DataFrame 是一个表格型的数据结构，它含有一组有序的列，每列的值类型可以不同 (数值、字符串、布尔值等)。

(2) DataFrame 既有行索引，也有列索引，它可以被看作由 Series 组成的字典(共用同一个索引)。

(3) 跟其他类似的数据结构相比(如 R 语言的 data.frame)，DataFrame 中面向行和面向列的操作基本上是平衡的。

(4) DataFrame 中的数据是以一个或多个二维块的形式存放的(而不是以列表、字典或别的一维数据结构存放的)。

(5) 构成 DataFrame 的方法很多，最常用的一种是直接传入一个由等长列表或 Numpy 数组组成的字典。

(6) DataFrame 的结果会自动加上索引(与 Series 一样)，且全部会被有序排列。

执行：
```
>>> data = {'state': ['Ohio', 'Ohio', 'Ohio', 'Nevada', 'Nevada'], 'year': [2000,
2001, 2002, 2001, 2002], 'pop': [1.5, 1.7, 3.6, 2.4, 2.9]}
>>> frame = pd.DataFrame(data)
>>> frame
```
程序运行结果如下：
```
    state   year  pop
0   Ohio    2000  1.5
1   Ohio    2001  1.7
2   Ohio    2002  3.6
3   Nevada  2001  2.4
4   Nevada  2002  2.9
```

(7) 如果指定了列顺序，则 DataFrame 的列就会按照指定顺序进行排列。

执行：
```
>>> pd.DataFrame(data, columns=['year', 'state', 'pop'])
```
程序运行结果如下：
```
    year    state  pop
```

```
0   2000    Ohio    1.5
1   2001    Ohio    1.7
2   2002    Ohio    3.6
3   2001    Nevada  2.4
4   2002    Nevada  2.9
```

(8) 与原 Series 一样，如果传入的列在数据中找不到，则会产生 NAN 值。

执行：

>>> frame2 = pd.DataFrame(data, columns=['year', 'state', 'pop', 'debt'], index=['one', 'two', 'three', 'four', 'five'])

>>> frame2

程序运行结果如下：

```
        year    state    pop    debt
one     2000    Ohio     1.5    NaN
two     2001    Ohio     1.7    NaN
three   2002    Ohio     3.6    NaN
four    2001    Nevada   2.4    NaN
five    2002    Nevada   2.9    NaN
```

执行：

>>> frame2.columns

程序运行结果如下：

```
Index(['year', 'state', 'pop', 'debt'], dtype='object')
```

(9) 通过类似字典标记的方式或属性的方式，可以将 DataFrame 的列获取为一个 Series。

执行：

>>> frame2['state']

程序运行结果如下：

```
one       Ohio
two       Ohio
three     Ohio
four      Nevada
five      Nevada
Name: state, dtype: object
```

(10) 返回的 Series 拥有与原 DataFrame 相同的索引，且其 name 属性也已经被相应地设置好了。

执行：

>>> frame2['year']

程序运行结果如下：

```
one       2000
two       2001
```

```
three        2002
four         2001
five         2002
Name: year, dtype: int64
```

(11) 列可以通过赋值的方式进行修改。例如，给那个空的"delt"列赋上一个标量值或一组值。

执行：

```
>>> frame2['debt'] = 16.5
>>> frame2
```

程序运行结果如下：

	year	state	pop	debt
one	2000	Ohio	1.5	16.5
two	2001	Ohio	1.7	16.5
three	2002	Ohio	3.6	16.5
four	2001	Nevada	2.4	16.5
five	2002	Nevada	2.9	16.5

执行：

```
>>> frame2['debt'] = np.arange(5.)
>>> frame2
```

程序运行结果如下：

	year	state	pop	debt
one	2000	Ohio	1.5	0.0
two	2001	Ohio	1.7	1.0
three	2002	Ohio	3.6	2.0
four	2001	Nevada	2.4	3.0
five	2002	Nevada	2.9	4.0

(12) 将列表或数组赋值给某个列时，其长度必须与 DataFrame 的长度相匹配。

(13) 如果赋值的是一个 Series，则会精确匹配 DataFrame 的索引，所有空位都将被填上缺失值。

执行：

```
>>> val = pd.Series([-1.2, -1.5, -1.7], index=['two', 'four', 'five'])
>>> frame2['debt'] = val
>>> frame2
```

程序运行结果如下：

	year	state	pop	debt
one	2000	Ohio	1.5	NaN
two	2001	Ohio	1.7	-1.2
three	2002	Ohio	3.6	NaN
four	2001	Nevada	2.4	-1.5

five	2002	Nevada	2.9	-1.7

(14) 为不存在的列赋值会创建出一个新列。

执行：

```
>>> frame2['eastern'] = frame2.state == 'Ohio'
>>> frame2
```

程序运行结果如下：

	year	state	pop	debt	eastern
one	2000	Ohio	1.5	NaN	True
two	2001	Ohio	1.7	-1.2	True
three	2002	Ohio	3.6	NaN	True
four	2001	Nevada	2.4	-1.5	False
five	2002	Nevada	2.9	-1.7	False

(15) 关键字 del 用于删除列。

执行：

```
>>> del frame2['eastern']
>>> frame2.columns
```

程序运行结果如下：

```
Index(['year', 'state', 'pop', 'debt'], dtype='object')
```

(16) 将嵌套字典(也就是字典的字典)传给 DataFrame，它就会被解释为外层字典的键作为列，内层字典的键则作为行索引。也可以对上述结果进行转置。

执行：

```
>>> pop = {'Nevada': {2001: 2.4, 2002: 2.9}, 'Ohio': {2000: 1.5, 2001: 1.7, 2002
: 3.6}}
>>> frame3 = pd.DataFrame(pop)
>>> frame3
```

程序运行结果如下：

	Nevada	Ohio
2000	NaN	1.5
2001	2.4	1.7
2002	2.9	3.6

执行：

```
>>> frame3.T
```

程序运行结果如下：

	2000	2001	2002
Nevada	NaN	2.4	2.9
Ohio	1.5	1.7	3.6

(17) 如果设置了 DataFrame 的 index 和 columns 的 name 属性，则这些信息也会被显示出来。

执行：

```
>>> frame3.index.name = 'year'
>>> frame3.columns.name = 'state'
>>> frame3
```

程序运行结果如下:

```
state     Nevada   Ohio
year
2000      NaN      1.5
2001      2.4      1.7
2002      2.9      3.6
```

(18) 跟 Series 一样，values 属性也会以二维 ndarray 的形式返回 DataFrame 中的数据。
执行：

```
>>> frame3.values
```

程序运行结果如下:

```
array([[nan, 1.5],
       [2.4, 1.7],
       [2.9, 3.6]])
```

(19) 如果 DataFrame 各列的数据类型不同，则数组的数据类型就会选用能兼容所有列的数据类型。

执行：

```
>>> frame2.values
```

程序运行结果如下:

```
array([[2000, 'Ohio', 1.5, nan],
       [2001, 'Ohio', 1.7, -1.2],
       [2002, 'Ohio', 3.6, nan],
       [2001, 'Nevada', 2.4, -1.5],
       [2002, 'Nevada', 2.9, -1.7]], dtype=object)
```

(20) Pandas 的索引对象负责管理轴标签和其他元数据(比如轴名称等)。

(21) 构建 DataFrame 时所用到的任何数组或其他序列的标签都会被转换成一个 index。

(22) index 对象是不可修改的，因此用户不能对其进行修改。

执行：

```
>>> obj = pd.Series(range(3), index=['a', 'b', 'c'])
>>> index = obj.index
>>> index
```

程序运行结果如下:

```
Index(['a', 'b', 'c'], dtype='object')
```

执行：

```
>>> index[1:]
```

程序运行结果如下:

```
Index(['b', 'c'], dtype='object')
```

(23) Pandas 的每个索引都有一些方法和属性,它们可用于设置逻辑并回答有关该索引包含的数据的常见问题。表 2.7 中列出了 index 的方法和属性。

表 2.7　index 的方法和属性

方　法	说　明
append	连接另一个 index 对象,产生一个新的 index
diff	计算差集,并得到一个 index
intersection	计算交集
union	计算并集
isin	计算一个指示各值是否都包含在参数集合中的布尔型数组
delete	删除索引处的元素,并得到新的 index
drop	删除传入的值,并得到新的 index
insert	将元素插入到索引处,并得到新的 index
is_monotonic	当各元素均大于等于前一个元素时,返回 True
is_unique	当 index 没有重复值时,返回 True
unique	计算 index 中唯一值的数组

2.4.5　StatsModels

在 Python 中,StatsModels 是统计、建模、分析的核心工具包,它包括了几乎所有常见的各种回归模型、非参数模型和估计、时间序列分析和建模、空间面板模型等,其功能很强大,使用也相当便捷。

2.4.6　Scikit-Learn

Scikit-Learn 是 Python 语言中专门针对机器学习应用而发展起来的一款开源框架。它功能强大,但需要 Numpy、Scipy、Matplotlib 等包的支持。它提供了完善的机器学习工具箱,包括数据预处理、分类、回归、聚类、预测、模型分析等。若要安装使用 Scikit-Learn,则用户需要提前安装好 Numpy、Scipy、Matplotlib 这几个库。然而 Scikit-Learn 也有一些缺点,它不支持深度学习和强化学习,也不支持图模型和序列预测,还不支持 Python 之外的语言、PyPy、GPU 加速等。

Scikit-Learn 的安装可使用 pip 工具,在安装前需要先安装 Numpy 和 Scipy,打开一个命令行中端并输入"$pip install -U scikit-learn"即可。

本 章 小 结

通过本章的学习,读者可以对 Python 的基本概念、特点、版本以及应用领域有一个大致的了解;掌握 Python 开发环境的搭建过程,编写基于 Python 语言的简单程序以及熟悉 Python 中与数据挖掘相关的第三方库,如 Numpy、Scipy、Matplotlib、StatsModels、Scilit-Learn 等。这些第三方库的具体使用方法会在本书的后续章节详细介绍,读者将会更深一步学习这些库在数据挖掘分析与处理中的应用。

第 3 章   Python **快速入门**

本章主要介绍了 Python 程序设计语言的相关基础知识。如果你是初学者，那么通过本章的学习，你将会详细地掌握 Python 的基础知识，为后续章节的 Python 编码环节夯实编程基础。如果你已经比较熟悉 Python，或者能熟练运用 Python 编码解决实际应用问题，那么通过本章的学习可以进行温习巩固与查漏补缺，或者你也可以跳过本章，直接进入后续章节的学习。

本章通过实际案例与相关理论描述相结合的形式来介绍以下知识点：

- 常见的数据结构以及使用方法(列表、元组、字典)；
- 控制流(if 分支、for 循环、while 循环)；
- 字符串的处理方法与正则表达式的使用；
- 自定义函数的构造与调用；
- 网络爬虫以及爬虫使用库与框架。

3.1   数据结构及方法

本节将介绍 Python 中的数据结构，通常也称之为信息的容器。常见的信息容器主要包含三类：列表、元组、字典。

3.1.1   列表

列表是一种序列，它与 C 语言中的数组类似，但又有其自身的特性，主要有以下特性：

(1) 列表通过方括号[]容纳其所存储的元素，且这些元素可以是任意数据类型的，包括整型、浮点型、字符串、Python 中的对象等。

(2) 列表中的每一个元素是按序存入的，均有自己的位置，能够通过索引(或下标)进行访问，且索引号从 0 开始。

(3) 列表是一种可变的数据结构，意味着可以对列表进行修改，例如对其中的每一个元素进行增加、修改和删除操作。

可以对列表做的操作有：列表创建、列表元素访问、列表切片、列表元素添加、列表元素删除及列表元素修改。下面介绍这些对列表的操作以及常见的列表操作符与列表操作函数。

1. 列表创建

下面的代码通过[]形式分别实现了空列表的创建，元素类型为整数的列表创建，元素类型为字符串类型的列表创建，以及元素包含整数、小数与字符串类型的列表创建。

```
>>>list1=[]
>>>print(list1)
>>>list2=[0, 1, 2]
>>>print(list2)
>>>list3=["How", "do", "you", "do", "?"]
>>>print(list3)
>>>list4=[list2, 4.35, 6.24, 8.42, list3]
>>>print(list4)
```
程序运行结果如下：
```
[0, 1, 2]
['How', 'do', 'you', 'do', '?']
[[0, 1, 2], 4.35, 6.24, 8.42, ['How', 'do', 'you', 'do', '?']]
```
用户也可以通过使用 list([iterable])函数返回一个列表。其中，可选参数 iterable 是可迭代的对象，例如字符串、元组等。list()函数将可迭代对象的元素重新返回为列表。具体代码如下：
```
>>> str="Hello Python"
>>> list5=list(str)
>>> list5
```
程序运行结果：
```
['H', 'e', 'l', 'l', 'o', ' ', 'P', 'y', 't', 'h', 'o', 'n']
```

2. 列表元素访问

通过使用索引号，用户可以访问列表中特定位置上的元素。如 elem=m[n]，它表示获取列表 m 中第 n+1 位置处的元素，并将该元素存储在变量 elem 里(注意：n 从 0 开始取值，也可以取负值，表示逆序访问列表中的元素)。

例如，下面的代码展示了访问列表 listA 中指定位置的元素。
```
>>>listA= ['Adam', 95.5, 'Lisa', 85, 'Bart', 59]
>>>listA[0]
>>>listA[-1]
>>>listA[-2]
>>>listA[2]
```
程序运行结果如下：
```
'Adam'
59
'Bart'
'Lisa'
```

3. 列表切片

若要访问列表中的一些列元素，则需要使用切片。列表切片是指获取列表的一些列元素(不仅仅是某一个元素)。如 elice=m[A:B:C] ，它表示获取 m 列表里索引号从 A 开始到

B－1 结束的元素，每次读取元素的步长为 C，然后赋给变量 elice(注意：索引号 A、B 可取负值，也可空着不写，C 为步长)。

例如，下面的代码展示了从列表 listB 中访问指定位置的一些列元素。

>>>listB=[0, 1, 2, 3, 4, 5, 6, 7, 8, 9]

>>>listB[1:5]

>>>listB[6:10]

>>>listB[1:]　　#默认步长为 1

>>>listB[1:10:2] #步长为 2

>>>listB[1:10:3] #步长为 3

>>>listB[-3:-1]

>>>listB[-3:]　　#包括序列结尾的元素，置空最后一个索引

>>>listB[:]　　#复制整个序列

程序运行结果如下：

[1, 2, 3, 4]

[6, 7, 8, 9]

[1, 2, 3, 4, 5, 6, 7, 8, 9]

[1, 3, 5, 7, 9]

[1, 4, 7]

[7, 8]

[7, 8, 9]

[0, 1, 2, 3, 4, 5, 6, 7, 8, 9]

4. 列表元素添加

用户可使用 append()、extend()、insert()三个函数向列表中添加新元素。

append()可以实现将一个元素添加到列表最后的位置处，且一次只能添加一个元素，如 m.append(元素 A)；

extend()能实现对列表的扩展和增长，一次可以添加多个元素，但也是添加在列表的最后，如 m.extend([元素 A，元素 B，…])；

insert()能在列表中特定索引号指定的位置处添加所需的特定元素，是一种比较常用的方法(注意：这里的索引号都是从 0 开始的)。例如，m.insert(A, 元素 B)表示在列表 m 里面的第 A+1 处加入元素 B。

例如，下面的代码展示了向列表 list6 中添加若干元素。

>>>list6=[]

>>>list6.append("hello")

>>> list1.extend([10, 11, 12])

>>> list1.insert(1, 25)

>>> list6

程序运行结果如下：

['hello', 25, 10, 11, 12]

5. 列表元素删除

用户可使用 remove()、pop()、del 三个方法从列表中删除某些元素。

remove()可以实现移除列表中特定元素，如 m.remove(元素 A)；

pop()能获取列表 m 的最后一个元素，然后将其从该列表中删除掉，如 t=m.pop(),
print(m)，这里 t 为列表 m 中的最后一个元素，而此时的 m 已经是删掉了最后一个元素的
m 列表；

del 是一种操作语句，它能从列表中删除索引号位置为 n 的元素，如 del m[n](注意：
索引号从 0 开始)。

例如，下面的代码展示了从列表 list7 中删除若干元素。

```
>>>list7=[1, 2, 3, 4, 5, 6, 7, 8]
>>>list7.remove(6)
>>>list7
>>>list=list7.pop()
>>>list
>>>list7
>>>del list7[0]
>>>list7
```

程序运行结果如下：

```
[1, 2, 3, 4, 5, 7, 8]
8
[1, 2, 3, 4, 5, 7]
[2, 3, 4, 5, 7]
```

6. 列表元素修改

当列表中某一个元素出错时，可以对其进行纠正。纠正的方法是先获取错误元素，再
将错误元素的值修改为正确的值。

例如，列表 x 中的第 2 个元素值写错了，想改为正确的值 0，可通过下面的代码进
行修改。

```
>>>x = [1, 2, 3, 4, 5];
>>>print(x)#修改前，输出列表元素内容
>>>x[1]=0
>>>print(x)#修改后，输出列表元素内容
```

程序运行结果如下：

```
[1, 2, 3, 4, 5]
[1, 0, 3, 4, 5]
```

7. 列表操作符

列表中常见的操作符有 +、* 等。其中"+"可以实现将多个列表进行拼接的功能，"*"
实现列表的复制和添加。

例如，下述代码使用了 +、* 两种操作符对列表进行加法和乘法运算。

1)　"+"操作符应用

执行：

  >>>str1='Hello'

  >>>str2=' Python'

  >>>str1+str2

  >>>n1=[1, 2, 3]

  >>>n2=[2, 3, 4]

  >>>n1+n2

  >>>str1+n1

程序运行结果如下：

  'Hello Python'

  [1, 2, 3, 2, 3, 4]

  Traceback (most recent call last):

   File "<stdin>", line 1, in <module>

  TypeError: must be str, not list

2)　"*"操作符应用

执行：

  >>>[None]*6

  >>>str3='Python!'

  >>>str3*2

  >>>n3=[1, 2]

  >>>n3*2

  >>>str3*n3

程序运行结果如下：

  [None, None, None, None, None, None]

  'Python!Python!'

  [1, 2, 1, 2]

  Traceback (most recent call last):

   File "<stdin>", line 1, in <module>

  NameError: name 'n3' is not defined

8. 列表操作函数

列表中常见的操作函数主要有：count()、index(A)、reverse()、sort()、len()、max()、min()等。

(1) m.count(A)：统计列表 m 里元素 A 出现的次数；

(2) m.index(A)：获取列表 m 里元素 A 的索引号；

(3) m.reverse()：将列表 m 进行前后翻转，前变后，后变前；

(4) m.sort()：将列表 m 中的元素进行升序排列(从小到大)；

(5) m.sort(reverse=True)：将列表 m 中的元素进行降序排列(从大到小)；

(6) m.len()：获取列表 m 中元素的总个数；

(7) m.max()：获取列表 m 中最大元素；

(8) m.min()：获取列表 m 中最小元素。

例如，下面的代码展示了列表中常用操作函数的应用。

```
>>>listC=[1, 2, 1, 4, 123, 1]
>>>listC
>>>listC.count(1)
>>>listC.index(123)
>>>listC.reverse()
>>>listC
>>>listC.sort()
>>>listC
>>>listC.sort(reverse=True)
>>>listC
>>>len(listC)
>>>max(listC)
>>>min(listC)
```

程序运行结果如下：

```
[1, 2, 1, 4, 123, 1]
3
4
[1, 123, 4, 1, 2, 1]
[1, 1, 1, 2, 4, 123]
[123, 4, 2, 1, 1, 1]
6
123
1
```

3.1.2　元组

元组与列表相似，也是一种序列，但却有其独特的地方。这主要体现在以下几个方面：

(1) 元组通过英文状态下的小圆括号容纳数据元素，各个元素按顺序存入，相互之间以逗号隔开。这些数据元素和列表中的元素一样，可以是任意数据类型。

(2) 元组是一种序列，因此获取列表中指定位置的一个或多个元素的方法也可应用于元组，从而实现对元组中的元素进行访问获取的功能。

(3) 元组是一种不可变的数据结构，意味着不能像对列表那样来对元组进行修改，即不可对其中的每一个元素进行增加、修改和删除操作，但却可以判断某个元素是否存在于该元组中。

(4) 元组比列表操作速度快，若某一个序列的元素经常被遍历访问，则选用元组代替列表，以获取更快的访问速度。

下面将介绍元组的创建、访问以及常用操作函数。

1. 元组的创建

(1) 使用小圆括号创建，即 "()"。

执行：

```
>>>t1 = ('physics', 'chemistry', 1997, 2000)
>>>t2 = (1, 2, 3, 4, 5 )
>>>t3 ="a", "b", "c", "d"          #逗号分隔一些值，元组自动创建完成
>>>t4=()                          #空元组可以用没有包含内容的圆括号来表示
>>>t5=(1, )                       #只含一个值的元组必须加个逗号( , )
>>>print(t1, t2, t3, t4, t5)
```

程序运行结果如下：

```
('physics', 'chemistry', 1997, 2000)   (1, 2, 3, 4, 5)   ('a', 'b', 'c', 'd')   ()   (1, )
```

(2) 使用 tuple 函数将一个序列转化为元组。

执行：

```
>>>t6=tuple([1, 2, 3, 4, 5, 6])
>>>t7=tuple("Hello Python")
>>>t8=tuple((11, 12, 13, 14, 15))
>>>t9=tuple(123)
>>>print(t6, t7, t8, t9)
```

程序运行结果如下：

```
Traceback (most recent call last):
    File "<stdin>", line 1, in <module>
TypeError: 'int' object is not iterable
(1, 2, 3, 4, 5, 6)   ('H', 'e', 'l', 'l', 'o', ' ', 'P', 'y', 't', 'h', 'o', 'n') (11, 12, 13, 14, 15)
```

2. 元组的访问

虽然不可以对元组进行元素的添加、修改与删除，但可以通过索引或切片等方式访问元组。访问元组的语法格式如下：

```
格式 1：变量[:]                    #获取整个元组的元素
格式 2：变量[开始索引:]             #从开始索引的元组截取到末尾
格式 3：变量[:结束索引]             #从开头截取到结束索引之前
格式 4：变量[开始索引:结束索引]      #从开始索引位置截取到结束索引之前
格式 5：变量[开始索引:结束索引:间隔值]  #从开始索引位置按照间隔值截取到
                                       结束索引之前
```

执行：

```
>>>t1 = ('root', 'chy', 'lxh')
>>>t2= ('11', '12', '23')
>>>print(t1[0])
>>>print(t1[2:])
```

```
>>>print(t1[::-1])
>>>print(t1[:-1])
>>>t2[0]= '00'#元组不可修改
```
程序运行结果如下：
```
root
('lxh', )
('lxh', 'chy', 'root')
('root', 'chy')
 File "<stdin>", line 1
    t2[0]= '00'
           ^
SyntaxError: invalid character in identifier
```

3. 序列操作

1) 元组相加

两个元组可以进行加法运算，语法格式如下：

　　变量 = 元组 1 + 元组 2

结果：新的元组。

下面的代码展示了元组相加操作。

```
>>>t1 = ('root', 'chy', 'lxh')
>>>t2= ('11', '12', '23')
>>>t3=t1+t2#合并两个元组的元素为新元组的元素
>>>t3
```
程序运行结果如下：
```
('root', 'chy', 'lxh', '11', '12', '23')
```

2) 元组相乘

两个元组可以进行乘法运算，语法格式如下：

　　变量 = 元组 1 *整数

结果：新的元组。

下面的代码展示了元组相乘操作。

```
>>>t1 = ('root', 'chy', 'lxh')
>>>t4=t1*3
>>>t4
```
程序运行结果如下：
```
('root', 'chy', 'lxh', 'root', 'chy', 'lxh', 'root', 'chy', 'lxh')
```

3) 成员检测

通过成员检测，可以检测一个值是否存在于元组中。成员检测语法格式如下：

格式 1：

　　值 in 元组

作用：检测一个值是否在元组当中。

格式 2：

　　值　not in　元组

作用：检测一个值是否不在元组当中。

下面的代码展示了成员检测操作。

```
>>>t1 = ('root', 'chy', 'lxh')
#判断元素是否在元组中
>>>if 'chy' in t1:
        print("chy 存在")
#判断元素是否不在元组中
>>>if 'rhy' not in t1:
        print("rhy 不存在")
```

程序运行结果如下：

```
chy 存在
rhy 不存在
```

4．元组的常用操作函数

元组的常用操作函数有 len()、max()、min()、index()、count()等。其中，len()用于获取元组的长度；max()与 min()分别用于获取元组中的最大值与最小值；index()用于获取指定值在元组中的索引值；count()用于统计某个值在元组中出现的次数。

下面的代码展示了元组的常用操作函数的应用。

```
>>>tup = (19, 23, 45, 19, 32)
#获取元组的长度
>>> len(tup)
#获取元组中的最大值
>>>max( tup)
#获取元组中的最小值
>>>min(tup)
#查询元素的索引
>>>index = tup.index(23)
>>>print(index)
#查询元素的数量
>>>count = tup.count(19)
>>>print(count)
```

程序运行结果如下：

```
5
45
19
1
2
```

3.1.3　字典

字典是 Python 中唯一内建的一种映射类型，即通过名字来引用值的一种数据结构。字典和列表一样，都是可变类型的数据结构。字典主要有以下几点特性：

(1) 字典通过花括号"{}"来容纳数据元素，每一个数据元素由键值对构成，且键与值之间用英文状态下的冒号":"隔开。

(2) 字典中每一个数据元素的值(value)都没有特殊的顺序，都存储在一个特定的键(key)下。其中键必须是不可变的、唯一的，例如，可以是数字、字符串甚至元组，而值不必唯一，可以取任何数据类型。

(3) 字典中的数据元素是无序的，因此不可像列表那样通过索引号来访问字典中的元素，只能通过键来访问元素。

1. 字典的创建

(1) 字典由多个键和其对应的值构成的键值对组成。键和值中间以冒号":"隔开，每个数据元素之间用逗号隔开，整个字典是由大括号"{}"括起来的，语法格式如下：

　　　　d1 = {key1 : value1, key2 : value2, …, keyn : valuen }

下面的代码展示了字典的创建。

```
>>>dict1 = {'Alice': 23, 'Beth': 24, 'Cecil': 22}
>>>dict2 = {'a' : 'apple', 'b' : 'banana', 'g' : 'grape', 'o' : 'orange'}
>>>dict3 = {'001' :{'Alice', 'male', 23}, '002' : {'Beth', 'female', 24}', '003' : {'Cecil', 'male', 22}}
>>>dict1
>>>dict2
>>>dict3
```

程序运行结果如下：

```
{'Alice': 23, 'Beth': 24, 'Cecil': 22}
{'a' : 'apple', 'b' : 'banana', 'g' : 'grape', 'o' : 'orange'}
{'001' :{'Alice', 'male', 23},　'002' : {'Beth', 'female', 24}',　'003' : {'Cecil', 'male', 22}}
```

(2) 用 dict()通过关键字的参数来创建字典的语法格式如下：

　　　　d2 = dict (key1 = value1, key2 = value2, …, keyn = valuen)

例如：

```
>>>dict4 = dict(Alice=23, Beth=24, Cecil=22)
>>>dict5 = dict(a = 'apple', b= 'banana', g = 'grape', o ='orange')
>>>dict6 = dict(A ={'Alice', 'male', 23}, B= {'Beth', 'female', 24}, C= {'Cecil', 'male', 22})
>>>dict4
>>>dict5
>>>dict6
```

程序运行结果如下：

```
{'Alice': 23, 'Beth': 24, 'Cecil': 22}
{'a': 'apple', 'b': 'banana', 'g': 'grape', 'o': 'orange'}
```

　　　{'A': {'Alice', 'male', 23}, 'B': {24, 'female', 'Beth'}, 'C': {'Cecil', 'male', 22}}

2．字典元素的访问

字典通过键索引与 get()方法实现元素的访问与获取。

例如，下面的代码展示了字典元素的访问与获取。

```
>>>dict4['Alice']
>>>dict5['a']
>>>dict6['A']
>>>dict6.get('B')
```

程序运行结果如下：

```
23
'apple'
{'male', 23, 'Alice'}
{'female', 24, 'Beth'}
```

此外，也可以通过 keys()、values()、items()等方法来访问字典中所有的键、值或键值对。

例如，下面的代码展示了字典元素的访问与获取。

```
>>>dict6.keys()
>>>dict6.values()
>>>dict6.items()
```

程序运行结果如下：

```
dict_keys(['A', 'B', 'C'])
dict_values([{'male', 23, 'Alice'}, {'female', 24, 'Beth'}, {'male', 'Cecil', 22}])
dict_items([('A', {'male', 23, 'Alice'}), ('B', {'female', 24, 'Beth'}), ('C', {'male', 'Cecil', 22})])
```

3．字典元素的添加

一般通过 setdefault()、update()以及键索引三种方法实现向字典中添加元素。

(1) setdefault()方法通过接收表示键值对的两个参数向字典中添加新元素。

执行：

```
>>>dict4.setdefault('Betty', 36)
>>>dict4
```

程序运行结果如下：

```
36
{'Alice': 23, 'Beth': 24, 'Cecil': 22, 'Betty': 36}
```

(2) update()方法通过接收一个字典对象向字典中添加新元素。

执行：

```
>>>dict4.update({'Jack':26})
>>>dict4
```

程序运行结果如下：

```
{'Alice': 23, 'Beth': 24, 'Cecil': 22, 'Betty': 36, 'Jack': 26}
```

(3) 键索引方法主要通过给原始字典中未指定的键添加值，而实现向字典中添加新元素。

执行：

```
>>>dict4['Rose']=39
>>>dict4
```

程序运行结果如下：

```
{'Alice': 23, 'Beth': 24, 'Cecil': 22, 'Betty': 36, 'Jack': 26, 'Rose': 39}
```

4．字典元素的修改

一般主要通过 update()与键索引的方法实现对字典中元素的修改。例如：

```
>>>dict4.update({'Jack':16})
>>>dict4
>>>dict4['Betty']=38
>>>dict4
```

程序运行结果如下：

```
{'Alice': 23, 'Beth': 24, 'Cecil': 22, 'Betty': 36, 'Jack': 16, 'Rose': 39}
{'Alice': 23, 'Beth': 24, 'Cecil': 22, 'Betty': 38, 'Jack': 16, 'Rose': 39}
```

5．字典元素的删除

一般可以使用 pop()、popitem()和 clear()方法实现删除字典中元素的操作。例如：

```
>>>dict4.pop('Jack')
>>>dict4
>>>dict4.popitem()
>>>dict4
>>>dict4.clear()
>>>dict4
```

程序运行结果如下：

```
16
{'Alice': 23, 'Beth': 24, 'Cecil': 22, 'Betty': 38, 'Rose': 39}
('Rose', 39)
{'Alice': 23, 'Beth': 24, 'Cecil': 22, 'Betty': 38}
{}
```

3.2 控 制 流

与 C、Java 等计算机编程语言一样，Python 程序中也有控制流，主要包含顺序结构、选择结构与循环结构。这里主要阐述实现选择结构的 if 分支，以及实现循环结构的 for 循环与 while 循环。

3.2.1 if 分支

当针对不同的情况，执行不同的处理时，需要使用 if 分支。目前，常见的分支类型主要有单分支、双分支和多分支类型。

　　单分支是指条件只有一种的情况。如果条件成立，则执行相应处理内容；如果条件不成立，则什么都不做。例如：如果这个数是偶数，则输出"它是偶数"；否则，不做任何选择。单分支结构如图 3.1 所示，对应的语法格式及案例如表 3.1 所示。

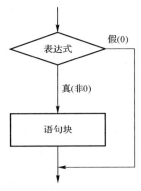

图 3.1　单分支结构流程图

表 3.1　单 分 支 语 法

单分支语法	案例：偶数判断
if condition1: 　　expression1	x=8 if x%2==0: 　　print ('它是偶数') Out: 它是偶数

　　双分支是指条件有两种的情况。当条件成立时，执行一种处理；当条件不成立时，执行另外一种处理。例如：如果这个数是偶数，则输出"它是偶数"；否则，输出"它是奇数"。双分支结构如图 3.2 所示，对应的语法格式如表 3.2 所示。

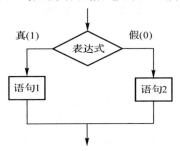

图 3.2　双分支结构流程图

表 3.2　双分支语法

双分支语法	案例：数的奇偶性判断

if condition1:
　　expression1
else:
　　expression2
	x=17
	if x%2==0:
	　　print('它是偶数')
	else:
	　　print('它是奇数')
	Out: 它是奇数

多分支是指条件含有三种及三种以上的情况。当条件的每一种情况成立时，都会执行不同的处理。例如：根据一个人的年龄，将人口划分为老年、中年、青年、少年、儿童与幼儿；判断一个人的身高体重标准，通常会将其划分为营养不良、较低体重、正常体重、超重与肥胖几种等级。多分支结构如图 3.3 所示，对应的语法格式如表 3.3 所示。

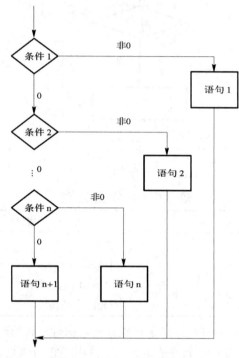

图 3.3　多分支结构流程图

表 3.3　多分支语法

双分支语法	案例：人口年龄段划分

if condition1:
　expression1
elif condition2:
　expression2
　　⋮
elif conditionM:
　expressionM
else:
　expressionN
	age=27
	if age>=1&&age<=6:
	　print('幼儿')
	elif age>=7&&age<=13:
	　print('儿童')
	elif age>=14&&age<=19:
	　print('少年')
	elif age>=20&&age<=39:
	　print('青年')
	elif age>=40&&age<=59:
	　print('中年')
	else:
	　print('老年')
	Out: 青年

注意:

(1) if 语句后面要加上英文状态下的冒号;

(2) 实现多分支时，用 elif 代替 else if，且该语句后面也要加上英文状态下的冒号;

(3) 最后一个分支用 else 来实现，但是其后面不加要判定的条件;

(4) 每一个条件成立后所执行的语句都要缩进。

3.2.2　for 循环

当满足一定条件时，程序会重复执行相同的内容，此时若使用顺序结构实现，则会出现重复性的代码而导致代码量剧增、效率低下。通常采用循环结构来避免冗余代码的出现，减少编码量。循环主要用于遍历枚举一个可迭代对象的所有取值或元素，每一个被遍历到的取值或元素执行指定的程序并输出。其中，可迭代对象是指可以被遍历的对象，如前面所述的列表、元组、字典等。

实现循环结构可以使用的方法有两种：for 循环与 while 循环。

for 循环的语法格式如下:

```
for 变量 in 对象:                    #枚举对象中的每一个元素
    缩进语句块(循环体)
#依次遍历对象中的每一个元素，并赋值给变量，然后执行循环体内的语句
```

下面的代码展示了使用 for 循环实现 10 的阶乘。

```
list=[1, 2, 3, 4, 5, 6, 7, 8, 9, 10]
s = 1
for i in list:   #也可以使用 for i in range(1, 11):
    s *= i
print("The result is :", s)
```

程序运行结果如下:

```
The result is : 3628800
```

注意: 当列表中元素较多时，可以使用 range()生成有规律的可迭代对象，非常方便。

下面的代码展示了使用 for 循环实现 1~100 之间能被 3 整除的数的总和。

```
sum = 0
for i in range(1, 101):
    if i%3==0:
        sum+= i
print("The number is :", sum)
```

程序运行结果如下:

```
The number is : 1683
```

注意: 当需要进行条件判断时，if 分支可以和 for 循环一起使用，从而实现问题的求解。

3.2.3　while 循环

与 for 循环类似，while 循环也可以实现循环结构，且二者之间可以相互替换。然而，while 循环更适用于无具体迭代对象的迭代操作。它一般不会去遍历可迭代对象中的元素，如列表、元组、字典等，而是通过判断循环条件来决定循环是否结束。其流程结构如图 3.4 所示。

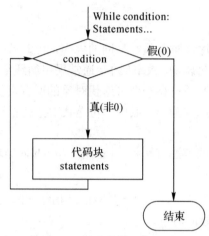

图 3.4　while 循环流程结构图

语法格式如下：

　　while　循环条件(condition)：

　　　　执行语句(statements)…　　　　　　#循环体

当循环条件成立时，会执行循环体内的语句；当循环条件不成立时，循环会终止。

下面的代码展示了使用 while 循环实现计算 100 以内所有奇数的和。

```
sum = 0
x = 1
while x<=100:
    if x%2!=0:
        sum+=x;
    x+=1;
print(sum)
```

程序运行结果：2500

while 循环通常还会和 continue、break 语句结合起来使用，以跳过循环，其中 continue 语句用于跳过当前循环，break 语句则是用于退出整个循环。此外，循环条件还可以是常值，表示循环必定成立，它们的具体用法如下。

(1) while 循环与 continue 语句一起使用实现 1~10 之间的偶数输出显示。

```
i = 1
while i < 10:
    i += 1
```

```
        if i%2 > 0:          #非双数时跳过输出
                continue
        print( i )           #输出双数 2、4、6、8、10
```
程序运行结果如下：
```
2
4
6
8
10
```
(2) while 循环与 break 语句一起使用实现使 x 不断减少，当 x 小于 0.0001 时，终止循环。
```
x=10
count = 0
while 1:
        count = count + 1
        x = x - 0.02*x
        if x< 0.0001:
                break
print (x, count)
```
程序运行结果如下：
```
9.973857171889038e-05 570
```

3.3　字符串处理方法

　　字符串是 Python 中最常用的数据类型，且是一种不可变的数据类型。通常可以将其看作"一串字符"，字符串的内容几乎可以包含任何字符，可以是英文字符，也可以是中文字符，比如 "Hello, Betty" "How are you? " "我爱你，中国。" 等。

　　Python 要求字符串必须使用引号括起来，可以使用单引号、双引号或者三引号，只要两边的引号能配对即可。下面的代码展示了通过三种引号构造字符串的方式。
```
str1='Hello Python!'
str2="I'm learning python!"
str3='''How "are" you?
How do you do?'''
print(str1)
print(str2)
print(str3)
```
程序运行结果如下：
```
Hello Python!
I'm learning python!
```

How "are" you?

How do you do?

注意：当字符串中不包含任何引号时，三种引号方式都可以用来构造字符串；当字符串中仅包含单引号时，需使用双引号和三引号来构造字符串；当字符串中仅包含双引号时，需使用单引号和三引号来构造字符串；当字符串中同时包含单引号和双引号时，则需使用三引号来构造字符串。因此，三引号方式是构造字符串最常用的方式，并且可以实现长字符串的换行，如上面的代码中变量 str3 所存储的字符串的换行。

3.3.1　字符串的常用方法

日常处理字符串常用的方法如表 3.4 所示。

表 3.4　字符串常用方法

方　　法	使 用 说 明
string.capitalize()	把字符串的第一个字符大写
string.count(str, beg=0, end=len(string))	返回 str 在 string 里面出现的次数，如果 beg 或者 end 指定范围，则返回指定范围内 str 出现的次数
string.endswith(obj, beg=0, end=len(string))	检查字符串是否以 obj 结束，如果 beg 或者 end 指定范围，则检查指定范围内的字符串是否以 obj 结束。如果是，则返回 True；否则，返回 False
string.startswith(obj, beg=0, end=len(string))	如果 beg 和 end 指定值，则在指定范围内检查字符串是否以 obj 开头，是则返回 True，否则返回 False
string.replace(str1, str2,　num=string.count(str1))	把 string 中的 str1 替换成 str2，如果 num 指定，则替换不超过 num 次
string.join(seq)	以 string 作为分隔符，将 seq 中所有的元素(的字符串表示)合并为一个新的字符串
string.index(str, beg=0, end=len(string))	与 find()方法一样，只不过如果 str 不在 string 中，则会报一个异常
string.rstrip()	删除 string 字符串末尾的空格
string.isdigit()	如果 string 只包含数字，则返回 True；否则，返回 False
string[start: end:step]	字符串切片，获取从 start 开始到 end-1 结束的字符串，步长为 step
str.lower()	把字符串中的所有字符转换为小写

续表

方　　法	使 用 说 明
str.upper()	把字符串中的所有字符转换为大写
str.title()	把字符串中的每个单词的首字母大写
string.swapcase()	翻转 string 中的大小写
string.find(str, beg=0, end=len(string))	检测 str 是否包含在 string 中，如果 beg 和 end 指定范围，则检查 str 是否包含在指定范围内，如果是，则返回开始的索引值；否则，返回 −1
string.split(str="", num=string.count(str))	以 str 为分隔符切片 string，如果 num 有指定值，则仅分隔 num 个子字符串
string.lstrip()	截掉 string 左边的空格
string.isalpha()	如果 string 至少有一个字符并且所有字符都是字母，则返回 True；否则，返回 False

下面的代码展示了表 3.4 中各个方法的应用。

```
#将每一个字符串用分号进行连接
str4={"hello", "world", "hello", "china"}
result1=";".join(str4)
print(result1)
#查找字符串是否以 hello 开头
str4="hello world"
print(str4.startswith("hello"))
#从字符串索引号为 7 的位置开始查找字符串是否以 ld 结尾
print(str4.endswith("ld", 7))
#用 hi 替换字符串中的 hello
str5="hello world, hello China"
print(str5.replace("hello", "hi"))
#统计字符串中单词 hello 的总个数
print(str5.count("hello"))
#查找字符串 a 所在的位置
str6="This is an apple, I will give you an apple."
print(str6.find("an"))
print(str6.index("an"))
#用'-'来分割字符串
a='123-345-468-698'
b=a.split('-')
print(b)
```

```
#去掉字符串中左右两边的空格
a1='   hello world   '
b1=a1.strip()
b2=a1.lstrip()
b3=a1.rstrip()
print(b1)
print(b2)
print(b3)
#字符串大小写转换
s='Where there is a will, There is a way'
s1=s.lower()#小写
s2=s.upper()#大写
s3=s.swapcase()#大小写互换
s4=s.capitalize()#首字母大写
s5=s.title()#只有首字母大写，其余为小写
print(s1)
print(s2)
print(s3)
print(s4)
print(s5)
#字符串测试
print(s.isalnum())        #是否全是字母和数字，并至少有一个字符
print(s.isalpha())        #是否全是字母，并至少有一个字符
print(s.isdigit())        #是否全是数字，并至少有一个字符
print(s.isspace())        #是否全是空白字符，并至少有一个字符
print(s.islower())        #S 中的字母是否全是小写
print(s.isupper())        #S 中的字母是否全是大写
print(s.istitle())        #S 的首字母是否大写
#字符串切片
st1 = 'hello python!'
print(st1[0], st1[-2])
print(st1[1:3], st1[1:], st1[:-1])
st2= 'abcdefghijklmnop'
print(st2[1:10:2])
print(st2[::2])
print(st2[::-1])
print(st2[::-2])
```
程序运行结果如下：

world;china;hello

True

True

hi world, hi China

2

8

8

['123', '345', '468', '698']

'hello world'

'hello world   '

'   hello world'

where there is a will, there is a way

WHERE THERE IS A WILL, THERE IS A WAY

wHERE THERE IS A WILL, tHERE IS A WAY

Where there is a will, there is a way

Where There Is A Will, There Is A Way

False

False

False

False

False

False

False

h n

el ello python! hello python

bdfhj

acegikmo

ponmlkjihgfedcba

pnljhfdb

3.3.2　正则表达式

如果要对字符串做这样的处理，例如，查找字符串中含有某种规律的特定值，替换字符串中那些不是固定值的特定内容，能够按照多个分隔符对字符串进行分隔操作，等等，则上述字符串处理方法已不能完成这些功能，需要使用正则表达式。

正则表达式是用于处理字符串的强大工具，它是一个特殊的字符序列，即从字符串中寻找的，并以抽象符号表达出的规律，对检查一个字符串是否与某种模式匹配有较大帮助。

这里主要简述如何使用正则表达式来实现字符串的查询匹配、替换匹配与分隔匹配。第一步，查找字符串中的规律，并用正则表达式表示；第二步，调用 re 模块，使用其中的正则表达式处理函数完成字符串匹配。

1. 常用的正则符号

常用的正则符号如表 3.5 所示。

表 3.5　常用正则符号

符号	含　义	示　例	匹配结果
*	匹配前面的字符、子表达式或括号里的字符 0 次或多次	a*b*	aaaaaa, aabbbbb, bbbbbb
+	匹配前面的字符、子表达式或括号里的字符至少 1 次	a+b+	aaaaab、aaabbbbb、abbbbbb
[]	匹配任意一个字符(相当于任选一个)	[A-Z]*	APPLE, CAPSDF, QEFEFC
()	表达式编组(在正则表达的规则里编组会优先运行)	(a*b)*	aaabaab, abaaab, ababaaab
{m, n}	匹配前面的字符、子表达式或括号里的字符 m 到 n 次(包含 m 或 n)	a{2, 3}b{2, 3}	aabbb, aaabbb, aabb
[^]	匹配任意一个不在中括号里的字符	[^A-Z]*	apple, lowercase, beauty
|	匹配任意一个由竖线分割的字符、子表达式(注意是竖线,不是大写字母 I)	b(a|c|e)d	bad, bcd, bed
.	匹配任意单个字符(包括符号、数字和空格)	b.d	bad,bzd,b$d, b d
^	指字符串开始位置的字符或子表达式	^a	apple, asdf, a
\	转义字符(把有特殊含义的字符转换成书面形式)	\.\/\\	.|
$	经常用在正则表达式的末尾,表示"从字符串的末端匹配"。如果不用它,则每个正则表达式实际都带着".*",只会从字符串开头进行匹配。这个符号可以看成是^符号的反义词	[A-Z]*[a-z]*$	ACacv, zzzyx, Bob
?	匹配一个字符 0 次或 1 次	abc?	ab;abc
\d	数字:[0~9]	a\dc	a1c
\D	非数字:[^\d]	a\Dc	abc
\s	匹配任何空白字符:[<空格>\t\r\n\f\v]	a\sc	a c
\S	非空白字符:[^\s]	a\Sc	abc
\w	匹配包括下划线在内的任何字符:[A-Za-z0-9_]	a\wc	abc
\W	匹配非字母字符,即匹配特殊字符	a\Wc	a c

2. 调用 re 模块中的正则表达式

调用 re 模块中的正则表达式处理函数实现字符串查询、替换、分隔等操作。

1) 匹配查询函数

(1) re.match()函数。

re.match()主要从字符串的起始位置开始进行模式匹配，匹配成功会返回一个匹配对象；若未从起始位置匹配成功，则返回 none。其语法格式为

    re.match(pattern, string, flags=0)

re.match()函数参数说明如表 3.6 所示。

表 3.6　re.match()函数参数说明

参　数	功　能　描　述
pattern	匹配的正则表达式
string	要匹配的字符串
flags	标志位，用于控制正则表达式的匹配方式。一般有四种取值，分别是 re.I、re.M、re.S、re.X。其中，re.I 使匹配忽略大小写，re.M 可进行多行匹配，re.S 使匹配包括换行在内的所有字符，re.X 通过更灵活的格式将正则表达式写得更易于理解

下面的代码展示了 re.match()函数的应用。

```
import re
print(re.match('www', 'www.baidu.com').span())     #在起始位置匹配
print(re.match('com', 'www.baidu.com'))            #不在起始位置匹配
```

程序运行结果如下：

    (0, 3)
    None

若要获取匹配表达式，则可使用 group(num)或 groups()匹配对象函数来实现，其具体含义如表 3.7 所示。

表 3.7　group()函数参数说明

匹配对象方法	功　能　描　述
group(num=0)	匹配整个表达式的字符串，group() 可以一次输入多个组号，在这种情况下它将返回一个包含那些组所对应值的元组
groups()	返回一个包含所有小组字符串的元组，从 1 到所含的小组号

下面的代码展示了 group()获取匹配对象。

```
import re
line = "Cats are smarter than dogs"
match= re.match( r'(.*) are (.*?) .*', line, re.M|re.I)
if match:
    print "match.group() : ", matchObj.group()
```

```
print "match.group(1) : ", matchObj.group(1)
print "match.group(2) : ", matchObj.group(2)
else:
print "No match!!"
```

程序运行结果如下：

```
match.group() : Cats are smarter than dogs
match.group(1) : Cats
match.group(2) :smarter
```

(2) re.search()函数。

re.search()扫描整个字符串，若 string 中包含 pattern 子串，则返回 Match 对象(返回的是匹配位置信息)，否则返回 None。注意：如果 string 中存在多个 pattern 子串，则只返回第一个。语法格式为

re.search(pattern, string, flags=0)

其中，函数里的各个参数说明可参见表 3.6。

下面的代码展示了 re.search()函数的应用。

```
import re
print(re.search('www', 'www.baidu.com').span()) #在起始位置匹配
print(re.search('com', 'www.baidu.com').span()) #不在起始位置匹配
```

程序运行结果如下：

```
(0, 3)
(11, 14)
```

下面的代码展示了 group()获取匹配对象。

```
import re
line = "Cats are smarter than dogs"
match= re.match( r'(.*) are (.*?) .*', line, re.M|re.I)
search = re.search( r'(.*) are (.*?) .*', line, re.M|re.I)
  if search:
print "search.group() : ", search.group()
print "search.group(1) : ", search.group(1)
print "search.group(2) : ", search.group(2)
else:
print "Nothing found!!"
```

程序运行结果如下：

```
search.group() : Cats are smarter than dogs
search.group(1) : Cats
search.group(2) : smarter
```

(3) re.findall()函数。

由于 re.match()仅匹配字符串的开始，如果字符串开始不符合正则表达式，则匹配失败，函数返回 None；而 re.search()匹配整个字符串，直到找到第一个匹配的子串。若要遍历整个字符串并返回所有匹配信息，则要使用 re.findall()。它能够遍历指定字符串，并以列表形式返回该字符串中所有可匹配的子串，如果没有找到匹配的子串，则返回空列表。re.findall()的语法格式为

　　　　re.findall(pattern，string，flags=0，pos，endpos)

其中，pos，endpos 代表字符串匹配的起始位置与终止位置，而函数中的其他参数说明可参见表 3.6。

为了提高效率，通常用 re.compile()将常用的正则表达式编译成正则表达式对象。该函数的语法格式为

　　　　re.compile(pattern, flags=0)

其中：pattern 表示编译时用的表达式字符串；flags 表示编译标志位，用于修改正则表达式的匹配方式，可参见表 3.7。

下面的代码展示了 findall 与 compile 方法的使用。

```
import re
pattern = re.compile(r'\d+')          #查找数字
result1 = pattern.findall('The world 123 the people 456 good')
result2 = pattern.findall('The world 123 the people 456 good', 0, 10)
print(result1)
print(result2)
```

程序运行结果如下：

```
['The world ', ' the people ', ' good']
['The world ']
```

2）匹配替换函数

re 模块提供 re.sub()用于替换字符串中所有匹配的子串，并返回替换后的字符串。其语法格式为

　　　　re.sub(pattern, repl, string, count)

各参数说明见表 3.8。

表 3.8　函数参数说明

参　数	功　能　描　述
pattern	正则中的模式字符串
repl	替换的字符串，也可为一个函数
string	要被查找替换的原始字符串
count	模式匹配后替换的最大次数，默认值为 0，表示每个匹配项都替换

下面的代码展示了 re.sub()进行字符串匹配替换。

```
import re
```

```
tel = "1522-3093-459" #这是一个电话号码，含 11 位数字
# 删除字符串中的 Python 注释
num = re.sub(r'#.*$', "", tel)
print("电话号码是: ", num)
# 删除非数字(-)的字符串
num = re.sub(r'\D', "", tel)
print("电话号码是 : ", num)
```

程序运行结果如下：

```
电话号码是:  1522-3093-459
电话号码是 :  1522309345911
```

3) 匹配分隔函数

re.split()通过匹配的子串来分隔原始字符串，并将分隔后的字符串以列表形式返回。其语法格式为

　　　　re.split(pattern, string[, maxsplit=0, flags=0])

各参数说明见表 3.9。

表 3.9　函数参数说明

参　数	功　能　描　述
pattern	正则中的模式字符串
string	要匹配的字符串
maxsplit	分隔次数，maxsplit=1 表示分隔一次，默认为 0，不限制次数
flags	标志位，用于控制正则表达式的匹配方式

下面的代码展示了用该方法进行字符串的分隔。

```
import re
print(re.split('\W+', 'goodjob, goodjob, goodjob.'))
print(re.split('(\W+)', 'goodjob, goodjob, goodjob.'))
print(re.split('\W+', ' goodjob, goodjob, goodjob.', 1))
print(re.split('a*', 'hello world'))#对于一个找不到匹配的字符串而言，split 不会对其作出分隔
```

程序运行结果如下：

```
['goodjob', 'goodjob', 'goodjob', '']
['goodjob', ', ', 'goodjob', ', ', 'goodjob', '.', '']
['', 'goodjob, goodjob, goodjob.']
[' ', 'h', 'e', 'l', 'l', 'o', 'w', 'o', 'r', 'l', 'd', ' ']
```

3.4　自定义函数

为了提高应用程序的模块化与代码的可重用性，Python 提供了诸多内建函数，如

print()、input()等。然而现实问题比较复杂，用户还需要按自己的需求自定义函数来完成问题的求解。

3.4.1　自定义函数语法

1. 函数定义

Python 允许用户自定义函数，但需遵循如下所示的语法格式：

```
def  函数名( 形参 1，形参 2，…，形参 n ):
"函数_文档字符串"
        函数体
return  返回值
```

说明：

(1) 定义函数时需以 def 关键词开头，后接函数名称和圆括号()，其中，函数名称自定义，且符合标识符命名规范。

(2) 若函数需要传入参数，则将其放入圆括号中间。

(3) 函数体以冒号起始并且缩进。

(4) 函数体的第一行语句可以选择性地使用文档字符串——用于存放函数说明。

(5) 若函数有返回值，则需写 Return[expression]以结束函数；无 return 表达式时，相当于函数返回 None。

下面的代码定义了一个无参函数和一个有参函数。

```
def printInfo( ):              #不需传参数
"打印输出一个字符串"
    print('Hello World! ')     #无 return 语句，不需返回值
def sum(a, b):                 #需传两个参数
"求两个数的和"
    return (a+b)               #返回  a+b  的值
```

2. 函数调用

函数定义后，仅知道函数的名称、函数里包含的参数以及代码块结构。若要实现具体的功能，还需要进行函数调用。

函数调用的语法格式为

```
函数名(实参 1，实参 2)   #调用
```

下面的代码展示了上述所定义函数的调用过程。

```
printInfo( )               #无参函数的调用
s=sum(12, 13)              #有参函数的调用
print(s)
```

程序运行结果如下：

```
Hello World!
25
```

3.4.2　自定义函数的几种参数

Python 中自定义函数的参数主要有这几类：必选参数、默认参数、可变参数与关键字参数。此外，Python 中还有一种特殊的自定义函数，通常叫作匿名函数。

1. 必选参数

必选参数也称为位置参数。它是指在函数定义时指定的形式参数，且调用函数时必须按序为其传入相同数量的实际参数，否则会报错。例如，下面的代码展示了一个自定义函数的定义与调用。

```
def printStr(str):
"输出显示传入的任意字符串"
    print(str)
    return
#调用 printStr 函数
printStr()
```

程序运行结果如下：

```
File "C:/Users/chenhongyang/Desktop/untitled0.py", line 12, in <module>
    printStr()
TypeError: printStr() missing 1 required positional argument: 'str'
```

程序运行结果会报错，原因是该函数定义时指明了需要传入一个参数，但是在函数调用时，却未传入参数。

2. 默认参数

默认参数是指在函数定义时已经赋了初值的形式参数，当调用函数时，可以不给这些参数传入值。例如，下面的代码展示了默认参数的使用。

```
def printInfo(name, age = 15 ):
"输出显示任何传入的值"
    print("Name: ", name)
    print("Age ", age)
    return
 #调用 printInfo 函数
printInfo( age=60, name="jack" )
printInfo( name="Mary" )
```

程序运行结果如下：

```
Name:　 jack
Age　 60
Name:　 Mary
Age　 15
```

该函数定义时指明了 age 是默认参数，默认初值为 15。当第一次调用该函数时，传递了两个参数，此时默认参数会接收传入的实参，而忽略默认初值；当第二次调用时，未向默认参数传递实参，此时，默认参数接收的值即为原始默认值。

3. 可变参数

以上介绍的位置参数和默认参数均是在函数定义时确定形参个数的情况下构造的。有时候定义函数并不知道所需指定形参的个数，但却想在调用函数时，可以处理更多的参数。此时可以使用可变参数。在定义一个包含可变参数的函数时，在参数前面要加上星号 *；在函数调用时能够接纳多个实参并与之进行捆绑。通常这些实参会被包装进一个元组中。

可变参数的基本语法如下：

```
def 函数名([形参 1, …] *可变参数名  ):
"函数_文档字符串"
    函数体
return  返回值
```

注意：定义函数时，在可变参数前可以设置零到多个普通参数。

下面的代码展示了可变参数的应用。

```
def printInfos(arg1, *args):
"输出显示任何传入的参数"
    print("输出: ")
    print(arg1)
    for var in args:
        print(var)
    return
#调用 printInfos 函数
printInfos(20)
printInfos(80, 70, 40, 30, 15 )
```

程序运行结果如下：

```
输出:
20
输出:
80
70
40
30
15
```

该函数第一次调用时只传递了一个实参，因此实参会传递给普通变量 arg1；而在第二次调用时，除第一个实参传递给普通变量 arg1，其余实参均会存放到一个元组中，传递到可变参数 args 中。

4. 关键字参数

可变参数可以使得函数调用时接收多个实参，然而却不能将这些实参传递给各自对应的形参名。若要接收多个实参并把这些实参传递给具体的形参，则可以使用关键字参数来实现。

在定义一个包含关键字参数的函数时，在参数前面要加上两个星号 *；在函数调用时，它能够接纳以字典形式传递过来的多个实参并与之进行捆绑。通常这些实参以键值对形式(参数名:参数值)被包装进一个字典中。

关键字参数的基本语法如下：

```
def  函数名([形参 1, …] **关键字参数名):
"函数_文档字符串"
     函数体
    return  返回值
```

下面的代码展示了关键字参数的应用。

```
def personInfo(name, age, **kw):
    print('name:', name, 'age:', age, 'ps:', kw)
personInfo('Helen', 32)
personInfo('Lily', 43, city = 'Chongqing')
personInfo('Johon', 28, gender = 'male', city = 'Chongqing')
```

程序运行结果如下：

```
name: Helen age: 32 ps: {}
name: Lily age: 43 ps: {'city': 'Chongqing'}
name: Johon age: 28 ps: {'gender': 'male', 'city': 'Chongqing'}
```

该函数定义时指明了两个普通变量表示的形参 name 与 age 以及一个关键字参数 kw。在函数第一次调用时，两个实参被传递了形参 name 与 age；第二次调用时，第三个实参以参数名 = 参数值的形式给定，此时它会被装入一个字典中(参数名为"键"，参数值为"值")，然后传递给关键字参数 kw；第三次调用时，后两个带参数名的参数值也会以键值对的形式装入到字典中并传递给关键字参数 kw。

注意：如果自定义函数写得非常复杂而庞大，则可能会同时使用到上面介绍的这四种参数，此时这四种参数就必须按照这样的顺序进行排列：必选参数、默认参数、可变参数和关键字参数。

5. 匿名函数

所谓的匿名函数实际上是没有函数名字的，一般用关键字 lambda 来创建。

1) lambda 函数的语法

```
lambda [arg1 [, arg2, …, argn]]:expression
```

说明：

(1) lambda 是一个表达式，其函数体比 def 简单很多。

(2) arg1 [, arg2, …, argn]是参数列表，可以有多个。

(3) lambda 的主体是一个表达式，而不是一个代码块，它完成有限的逻辑。

(4) lambda 函数拥有自己的命名空间，且不能访问自有参数列表之外或全局命名空间里的参数。

2) lambda 函数调用

直接将 lambda 赋值给一个变量，然后再像一般函数一样调用。

下面的代码展示了分别使用普通的自定义函数与匿名函数实现三个数的求和。

```
#普通自定义函数
def func(a, b, c):
    return a*b+c
print(func(1, 2, 3))
# lambda 匿名函数
f = lambda a, b, c:a*b+c
print(f(1, 2, 3))
```

程序运行结果如下：

```
5
5
```

上述代码中 f = lambda a, b, c:a*b+c 内部含有一个关键字 lambda，它表示匿名函数。冒号左边的 a、b、c 是这个函数的参数，冒号右边的表达式 a*b+c 是函数体。匿名函数不需要 return 来返回值，返回值为表达式 a*b+c 的结果，由变量 f 来接收存储。

3.5　网络爬虫的原理

网络爬虫是通过网页的链接地址寻找网页，从网站某一个页面开始读取网页的内容，找到在网页中的其他链接地址，然后通过这些链接地址寻找下一个网页，这样一直循环下去，直到把这个网站上所有的网页都抓取完为止。本节主要介绍网络爬虫的理论概述及工作流程。

3.5.1　理论概述

网络爬虫是一个自动提取网页的程序，它为搜索引擎从 Web 上下载网页，是搜索引擎的重要组成部分。通用网络爬虫从一个或若干初始网页的统一资源定位符(Uniform Resource Locator, URL)开始获得初始网页上的 URL 列表。在抓取网页的过程中，爬虫程序不断地从当前页面上抽取新的 URL 放入待抓取队列，直到满足系统的停止条件才终止。

主题网络爬虫就是根据一定的网页分析算法过滤与主题无关的链接，保留与主题相关的链接并将其放入待抓取的 URL 队列中，然后根据一定的搜索策略从队列中选择下一步要抓取的网页 URL 并重复上述过程，直到满足系统的某一条件时才停止。所有被网络爬虫抓取的网页都将会被系统存储，进行一定的分析、过滤并建立索引。对于主题网络爬虫来说，这一过程所得到的分析结果还可能为后续的抓取过程提供反馈和指导。

如果网页 p 中包含链接 l，则 p 称为链接 l 的父网页。如果链接 l 指向网页 t，则网页 t 称为子网页，又称为目标网页。

主题网络爬虫的基本思路就是按照事先给出的主题，分析超链接和已经下载的网页内容，预测下一个待抓取的 URL 及当前网页的主题相关度，保证尽可能多地抓取、下载与主题相关的网页，尽可能少地下载无关网页。

3.5.2　爬虫的工作流程

网络爬虫的基本工作流程如图 3.5 所示。

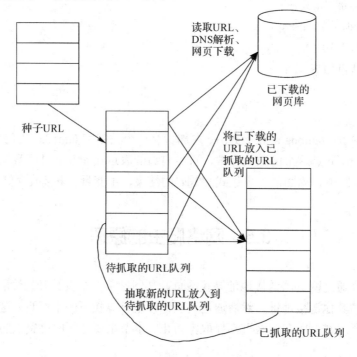

图 3.5　爬虫的工作流程

(1) 选取一部分精心挑选的种子 URL。

(2) 将这些 URL 放入待抓取 URL 队列。

(3) 从待抓取 URL 队列中读取待抓取的 URL、解析 DNS 并且得到主机的 IP，将 URL 对应的网页下载下来并存储到已下载的网页库中。此外，将这些 URL 放入已抓取的 URL 队列。

(4) 分析已抓取的 URL 队列中的 URL，然后解析其他 URL，并且将 URL 放入待抓取的 URL 队列，从而进入下一个循环。

从爬虫的角度对互联网进行划分，如图 3.6 所示。

划分结果如下：

(1) 已下载的未过期网页。

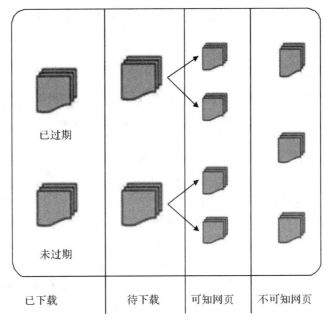

图 3.6　互联网的划分

(2) 已下载的已过期网页：抓取到的网页实际上是互联网内容的一个镜像与备份。互联网是动态变化的，如果某一部分互联网上的内容已经发生了变化，那么抓取到的这部分网页就已经过期了。

(3) 待下载的网页：待抓取的 URL 队列中的页面。

(4) 可知网页：还没有抓取下来，也没有在待抓取的 URL 队列中，但是可以通过对已抓取的页面或者待抓取的 URL 对应页面进行分析而获取到的 URL 被认为是可知网页。

(5) 还有一部分网页爬虫是无法直接抓取并下载的，被称为不可知网页。

在爬虫系统中，待抓取的 URL 队列是很重要的一部分。待抓取 URL 队列中的 URL 以什么样的顺序排列也是一个很重要的问题，因为这涉及先抓取哪个页面，后抓取哪个页面。而决定这些 URL 排列顺序的方法叫作抓取策略。下面重点介绍几种常见的抓取策略。

(1) 深度优先遍历策略：网络爬虫会从起始页开始，一个链接连着一个链接地跟踪下去，处理完这条线路之后再转入下一个起始页继续跟踪链接。

(2) 宽度优先遍历策略：将新下载网页中发现的链接直接插入待抓取 URL 队列的末尾。

(3) 反向链接数策略：一个网页被其他网页链接指向的数量。

(4) 部分网页排名(Partial PageRank)策略：借鉴了 PageRank 算法的思想，即将已经下载的网页连同待抓取 URL 队列中的 URL 形成网页集合，计算每个页面的 PageRank 值，计算完之后，将待抓取的 URL 队列中的 URL 按照 PageRank 值的大小进行排序，并按照该顺序抓取页面。

(5) 在线页面重要性计算(Online Page Importance Computation, OPIC)策略：实际上也是对页面进行重要性打分。对于待抓取的 URL 队列中的所有页面，按照打分情况进行排序。

(6) 大站优先策略：对于待抓取的 URL 队列中的所有网页，根据所属的网站进行分类。优先下载待下载页面数多的网站。

互联网是实时变化的，具有很强的动态性。网页更新策略主要是决定何时更新之前已经下载过的页面。

常见的更新策略有以下三种。

(1) 历史参考策略。

顾名思义，历史参考策略根据页面以往的历史更新数据来预测该页面在未来何时会发生变化。一般来说，该策略通过泊松过程进行建模来实现预测。

(2) 用户体验策略。

尽管搜索引擎针对某个查询条件能够返回数量巨大的结果，但是用户往往只关注前几页结果。因此抓取系统可以优先更新查询结果前几页显示的网页，而后再更新后面的网页。这种更新策略也需要用到历史信息。用户体验策略保留网页的多个历史版本，并且根据过去每次的内容变化对搜索质量的影响得出一个平均值，再用这个值作为决定何时重新抓取的依据。

(3) 聚类抽样策略。

前面提到的两种更新策略都有一个前提是需要网页的历史信息。这样就存在两个问题：第一，系统要为每个系统保存多个版本的历史信息，这无疑增加了很多的系统负担；第二，要是新的网页完全没有历史信息，就无法确定更新策略。

聚类抽样策略认为网页具有很多属性并且可以认为属性类似的网页其更新频率也是类似的。要计算某一个类别网页的更新频率，只需要对这一类网页抽样，以它们的更新周期作为整个类别的更新周期，该策略的基本思路如图 3.7 所示。

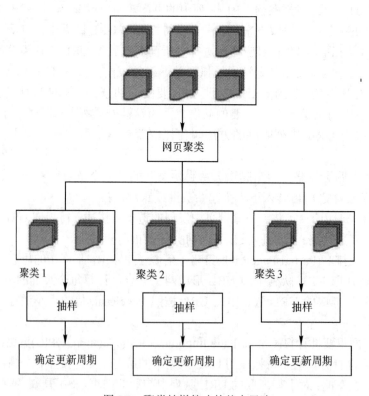

图 3.7　聚类抽样策略的基本思路

3.6　爬虫所用库及框架介绍

3.6.1　Requests 库介绍及用法

1. Requests 库介绍

Requests 是 Python 实现的最简单易用的 HTTP 库，在网络爬虫的过程中经常会用到 Requests 库。Requests 库可以用于自动爬取 HTML 页面和自动网络请求的提交。Requests 库的安装可以直接采用 pip install requests 来完成，也可以使用前面配置好的 PyCharm 简单安装(打开 PyCharm，单击"File"菜单，再单击"settings"，然后单击"project"下面的"project Interpreter"，最后根据需要导入第三方库)。

2. Request 库安装及使用

安装完成 Requests 库后，可以使用简单代码测试 Requests 库是否安装成功，具体代码如下：

```
import requests

r = requests.get("https://weibo.com/")        #最基本的 GET 请求
print(r.status_code)                          #获取返回状态
print(r.text)
```

当返回状态码 200 时，表示 Requests 安装成功。

对于 Requests 库来说，它包含七个主要方法，具体如表 3.10 所示。

表 3.10　Requests 库的七个主要方法

方　法	说　　明
requests.request()	构造一个请求，是支撑以下各方法的基础方法
requests.get()	获取 HTML 网页的主要方法，对应于 HTTP 的 GET
requests.post()	向 HTML 网页提交 POST 请求的方法，对应于 HTTP 的 POST
requests.head()	获取 HTML 网页头信息的方法，对应于 HTTP 的 HEAD
requests.put()	向 HTML 网页提交 PUT 请求的方法，对应于 HTTP 的 PUT
requests.patch()	向 HTML 网页提交局部修改请求，对应于 HTTP 的 PATCH
requests.delete()	向 HTML 页面提交删除请求，对应于 HTTP 的 DELETE

下面以 get()方法为例介绍 Requests 库中常见方法的使用。

```
r=requests.get(url)
```

其中，r 用来表征返回一个包含服务器资源的 Response 对象。Response 对象包含爬虫返回的内容。get()方法和 url 构造了一个向服务器请求资源的 Request 对象，返回一个包含服务器资源的 Response 对象。Response 对象属性如表 3.11 所示。

表 3.11　Response 对象属性

属　性	说　明
r.status_code	HTTP 请求的返回状态，200 表示连接成功，404 表示连接失败
r.text	HTTP 响应内容的字符串形式，即 url 对应的页面内容
r.encoding	从 HTTP header 中猜测的响应内容编码方式
r.apparent_encoding	从内容中分析出的响应内容编码方式(备选编码方式)
r.content	HTTP 响应内容的二进制形式

r.encoding：如果 header 中不存在 charset，则认为编码为 ISO‐8859‐1；r.text 根据 r.encoding 显示网页内容；r.apparent_encoding 是根据网页内容分析出的编码方式，可以看作是 r.encoding 的备选。

在运行网络爬虫的过程中，不可避免地会存在一定的风险，因此需要在连接的过程中加入异常处理机制，如表 3.12 所示。

表 3.12　Requests 库异常处理机制

异　常	说　明
requests.ConnectionError	网络连接错误异常，如 DNS 查询失败、拒绝连接等
requests.HTTPError	HTTP 错误异常
requests.URLRequired	URL 缺失异常
requests.TooManyRedirects	超过最大重定向次数，产生重定向异常
requests.ConnectTimeout	连接远程服务器超时异常
requests.Timeout	请求 URL 超时，产生超时异常

爬取网页的通用代码框架如下：

```
import requests
def getHTMLText(url):
    try:
        r = requests.get(url, timeout=30)
        r.raise_for_status()    # 如果状态不是 200，则引发 HTTPError 异常
        r.encoding = r.apparent_encoding
        return r.text
    except:
        return "产生异常"

if __name__=="__main__":
    url = "https://weibo.com/"
    print(getHTMLText(url))
```

3.6.2　BeautifulSoup 库介绍及用法

1. BeautifulSoup 库简介

简单来说，BeautifulSoup 是 Python 的一个库，它最主要的功能是从网页抓取数据。BeautifulSoup 提供一些简单的、Python 式的函数用来实现处理导航、搜索、修改分析树等功能。它是一个工具箱，通过解析文档为用户提供需要抓取的数据，因为它简单，所以不需要多少代码就可以写出一个完整的应用程序。BeautifulSoup 自动将输入文档转换为 Unicode 编码，将输出文档转换为 utf-8 编码。BeautifulSoup 已成为和 lxml、html6lib 一样出色的 Python 解释器，灵活地为用户提供不同的解析策略或强劲的速度。

2. BeautifulSoup 库安装

BeautifulSoup 3 目前已经停止开发，现在的项目中推荐使用 BeautifulSoup 4，不过它已经被移植到 bs4 中了，也就是说导入时我们需要导入 bs4。

可以利用 pip 或者 easy_install 来安装 BeautifulSoup 4，以下两种方法均可。

```
easy_install BeautifulSoup4

pip install BeautifulSoup4
```

BeautifulSoup 支持 Python 标准库中的 HTML 解析器，还支持 lxml 等功能更加强大、速度更快的第三方解析器。如果不安装第三方解析器，则 Python 会选择使用 Python 默认的解析器。BeautifulSoup 库解析器更加强大，速度更快，推荐安装，其使用方法及条件如表 3.13 所示。

表 3.13　BeautifulSoup 库解析器

解析器	使用方法	条　件
bs4 的 HTML 解析器	BeautifulSoup(mk, 'html.parser')	安装 bs4 库
lxml 的 HTML 解析器	BeautifulSoup(mk, 'lxml')	pip install lxml
lxml 的 XML 解析器	BeautifulSoup(mk, 'xml')	pip install xml
html5lib 的解析器	BeautifulSoup(mk, 'html5lib')	pip install html5lib

BeautifulSoup 库的引用方式共有两种，分别如下：

(1) from bs4 import BeautifulSoup。

(2) import bs4。

下面给出一个简单的例子来展示 BeautifulSoup 库的应用。

```
import requests
from bs4 import BeautifulSoup
r=requests.get('http://www.sina.com.cn')
r.encoding = 'utf-8'
demo=r.text
print(demo)
soup=BeautifulSoup(demo, 'html.parser')
print(soup.prettify())          #perttify()让 HTML 页面以更加"友好"的方式显示
```

BeautifulSoup 将复杂的 HTML 文档转换成一个复杂的树形结构。BeautifulSoup 类的基本元素共有五种，具体如表 3.14 所示。

表 3.14　BeautifulSoup 类基本元素

基本元素	说　明
Tag	标签，最基本的信息组织单元，分别用<>和</>标明开头和结尾
Name	标签的名字，<p>…</p>的名字是 'p'，格式为<tag>.name
Attributes	标签的属性，字典形式组织，格式为<tag>.attrs
NavigableString	标签内非属性字符串，<>…</>中的字符串，格式为<tag>.string
Comment	标签内字符串的注释部分，一种特殊的 Comment 类型

任何存在于 HTML 语法中的标签都可以通过 soup.<tag>访问获得。当 HTML 文档中存在多个相同<tag>对应的内容时，soup.<tag>返回第一个<tag>。

通过下面的代码，以 a、b、p 标签为例来演示 BeautifulSoup 类基本元素的应用。

```
import requests
from bs4 import BeautifulSoup
r=requests.get('http://www.sina.com.cn')
r.encoding = 'utf-8'    #设置编码格式
demo=r.text
soup=BeautifulSoup(demo, 'html.parser')
print(soup.title)        #<title>新浪首页</title>
print(soup.a)
print(soup.a.name)
print(soup.a.parent.name)
print(soup.a.attrs)
print(soup.p.string)
print(type(soup.p.string))
print(soup.b.string)
```

3.6.3　Re 库介绍

正则表达式(Regular expression，Re) 库是 Python 的标准库，主要用于字符串匹配。它可以用来简洁地表达一组字符串的表达式，简单例子如表 3.15 所示。

表 3.15　正则表达式表达一组字符串的简单例子

一组字符串	简洁表达(正则表达式)
'PN'	
'PYN'	
'PYTN'	正则表达式：P(Y|YT|YTH|YTHO)?N
'PYTHN'	
'PYTHON'	

对于正则表达式来说，它的语法由字符和操作符构成。表 3.16 介绍了正则表达式常用操作符。

表 3.16　正则表达式常用操作符

操作符	说　明	实　例
.	表示任何单个字符	b.d 可以表示为 bad、bzd、b*d 等
[ ]	[ ] 字符集对单个字符给出取值范围	[abc]表示 a、b、c；[a‐z]表示 a 到 z 的单个字符
[^]	[^] 非字符集对单个字符给出排除范围	[^abc]表示非 a 或 b 或 c 的单个字符
*	* 前的一个字符 0 次或无限次扩展	abc* 表示 ab、abc、abcc、abccc 等
+	+ 前的一个字符 1 次或无限次扩展	abc+ 表示 abc、abcc、abccc 等
?	? 前的一个字符 0 次或 1 次扩展	abc? 表示 ab、abc
			左右表达式中的任意一个	abc|def 表示 abc、def
{m}	扩展前一个字符 m 次	ab{2}c 表示 abbc
{m, n}	{m, n} 扩展前一个字符 m 至 n 次(含 n)	ab{1, 2}c 表示 abc、abbc
^	^ 匹配字符串开头	^abc 表示 abc 且在一个字符串的开头
$	$ 匹配字符串结尾	abc$表示 abc 且在一个字符串的结尾
( )	( ) 分组标记，内部只能使用	操作符	(abc)表示 abc，(abc	def)表示 abc、def
\d	\d 数字，等价于[0~9]	b\d\c 可以表示为 b2c
\w	\w 单词字符，等价于[A~Z，a~z，0~9]	a\wc 可以表示为 a\c 或者 acc

正则表达式常用操作符应用实例如表 3.17 所示。

表 3.17　正则表达式语法实例

正则表达式	对应字符串
P(Y|YT|YTH|YTHO)? N	'PN'、'PYN'、'PYTN'、'PYTHN'、'PYTHON'
PYTHON+	'PYTHON'、'PYTHONN'、'PYTHONNN' …
PY[TH]ON	'PYTON'、'PYHON'
PY[^TH]?ON	'PYON'、'PYaON'、'PYbON'、'PYcON'…
PY{:3}N	'PN'、'PYN'、'PYYN'、'PYYYN'…

3.7　网络爬虫的设计与实现

本节在介绍网络爬虫的过程中，利用 Requests 库和正则表达式(Re 库)来抓取猫眼电影榜单 TOP100 的相关内容，以此为例介绍网络爬虫的具体用法。

3.7.1　网络爬虫的总体设计

根据网络爬虫的概要设计，本例的网络爬虫采用一个自动提取网页的程序，根据设定的主题判断其是否与主题相关，再根据配置文件中的页面配置继续访问其他的网页，并将其下载下来，直到满足用户的需求，具体实现步骤如下：

(1) 获取单页源码。利用 requests 请求得到目标站点的 HTML 代码。

(2) 解析单页源码。利用正则表达式提取 HTML 代码中的电影名称、主演、上映时间、评分等信息。

(3) 保存文件。提取出所需要的信息并且将其保存到 CSV 格式文件中，每一行显示一部电影的信息。

3.7.2　网络爬虫具体实现过程

1. 爬取分析

(1) 爬取网页 URL 为 url = "https://maoyan.com/board/4"，具体如图 3.8 所示。

图 3.8　爬取到的网页

(2) 翻页问题。将网页翻到最底部，发现有分页，单击"下一页"按钮，具体如图 3.9 所示。此时分析发现第 1 页的时候，url 没有出现 offset，第 2 页的 offset(偏移量)是 10，第 3 页是 offset=20……第 10 页是 offset=90。

图 3.9　分页问题

2. 爬取解析页面

1) 爬取一个页面

首先爬取一个页面的内容。我们实现了 get_one_page()方法，并给它传入 url 参数。然后将爬取的页面结果返回，再通过 main()方法调用。

初步代码实现如下：

```
def get_one_page(url):
    try:
        headers = {'User-Agent':'Mozilla/5.0 (Windows NT 10.0; WOW64)
                AppleWebKit/537.36 (KHTML, like Gecko)
                Chrome/67.0.3396.62 Safari/537.36' }
        response = requests.get(url, headers=headers)
        if response.status_code == 200:
            return response.text
        return 0
    except RequestException:
        return 0
```

2) 提取页面

将上面获取的页面用正则提取出来。注意：这里不要在 Elements 选项卡中直接查看源码，因为那里的源码可能经过 JavaScript 操作而与原始请求不同，而是需要从 Network 选项卡部分查看原始请求得到的源码。代码如下：

```
def parse_one_page(html):
    pattern =
```

```
re.compile('<dd>.*?board-index.*?>(\d+)</i>.*?data-src = " (.*?)".*?name"><a' +
        '.*?>(.*?) </a>.*?star">(.*?)</p>.*?releasetime">(.*?)</p>' +
        '*?integer">(.*>)</i>.*?fraction">(.*?)</i>.*?</dd>', re.S)
    items = re.findall(pattern, html)
    for item in items:
        yield{
            'index':item[0],
            'title':item[1],
            'actor':item[3].strip()[3:] if len(item[3]) > 3 else ",
            'time':item[4].strip()[5:] if len(item[4]) > 5 else ",
            'score':item[5].strip()+item[6].strip(),
        }
```

3) 写入文件

代码如下：

```
def write_to_file(content):
    with open('E:\\data\\maoyanSpider.csv', 'a', newline=")as csvfile:
        writer = csv.writer(csvfile)
        values = list(content.values())
        writer.writerow(values)
```

4) spider ()即对外的接口函数

代码如下：

```
def spider(offset):
    url = 'http://maoyan.com/board/4?offset='+str(offset)
    html = get_one_page(url)
    for item in parse_one_page(html):
        write_to_file(item)
```

5) 爬取所有页面电影信息

利用 if __name__ == '__main__'函数，将 spider 函数的参数 offset 传过去，代码如下：

```
if __name__=='__main__':
    for i in range(10):
        spider(offset=10*i)
    time.sleep(1)
```

3. 完整代码

爬取猫眼电影榜单 TOP100 的完整代码如下：

```
# -!- coding: utf-8 -!-
import requests
import re
import time
```

```python
from requests.exceptions import RequestException
import csv
def get_one_page(url):
    try:
        headers = {'User-Agent':'Mozilla/5.0 (Windows NT 10.0; WOW64)
                    AppleWebKit/537.36 (KHTML, like Gecko)
                    Chrome/67.0.3396.62 Safari/537.36' }
        response = requests.get(url, headers=headers)
        if response.status_code == 200:
            return response.text
        return 0
    except RequestException:
        return 0
def spider(offset):
    url = 'http://maoyan.com/board/4?offset='+str(offset)
    html = get_one_page(url)
    for item in parse_one_page(html):
        write_to_file(item)


def parse_one_page(html):
    pattern = re.compile(
        '<dd>.*?board-index.*?>(.*?)</i>.*?title="(.*?)".*?img data-src=
            "(.*?)".*?<p class="star">(.*?)</p>.*?releasetime>(.*?)</p>.*?integer">
            (.*?)</i><i class="fraction">(\d+).*?</dd>', re.S
    )
    items = re.findall(pattern, str(html))
    for item in items:
        yield{
            'index':item[0],
            'title':item[1],
            'actor':item[3].strip()[3:] if len(item[3]) > 3 else '',
            'time':item[4].strip()[5:] if len(item[4]) > 5 else '',
            'score':item[5].strip()+item[6].strip(),
        }
def write_to_file(content):
    with open('E:\\data\\maoyanSpider.csv', 'a', newline='')as csvfile:
        writer = csv.writer(csvfile)
        values = list(content.values())
        writer.writerow(values)
```

```
if __name__=='__main__':
    for i in range(10):
        spider(offset=10*i)
        time.sleep(1)
```

3.7.3　爬虫结果

通过执行上述网络爬虫案例，将最终结果保存到了 maoyanSpider.csv 文件中，图 3.10 给出 TOP 榜单中的前 20 行数据。

rank	title	actor	time	score
1	霸王别姬	张国荣,张丰毅,巩俐	1993/7/26	9.5
2	肖申克的救	蒂姆·罗宾斯,摩根·弗里曼,鲍勃·冈顿	1994-09-10(加拿大)	9.5
3	这个杀手不	让·雷诺,加里·奥德曼,娜塔莉·波特曼	1994-09-14(法国)	9.5
4	罗马假日	格利高里·派克,奥黛丽·赫本,埃迪·艾伯特	1953-08-20(威尼斯国际电影节)	9
5	泰坦尼克号	莱昂纳多·迪卡普里奥,凯特·温丝莱特,比利·赞恩	1998/4/3	9.4
6	唐伯虎点秋	周星驰,巩俐,郑佩佩	1993-07-01(中国香港)	9.1
7	乱世佳人	费雯·丽,克拉克·盖博,奥利维娅·德哈维兰	1939-12-15(亚特兰大首映)	9.1
8	魂断蓝桥	费雯·丽,罗伯特·泰勒,露塞尔·沃特森	1940-05-17(美国)	9.2
9	辛德勒的名	连姆·尼森,拉尔夫·费因斯,本·金斯利	1993-11-30(美国)	9.2
10	天空之城	寺田农,鹫尾真知子,龟山助清	1992/5/1	9
11	大闹天宫	邱岳峰,毕克,富润生	1965/12/31	9
12	音乐之声	朱莉·安德鲁斯,克里斯托弗·普卢默,埃琳诺·帕克	1965-03-02(美国)	9
13	喜剧之王	周星驰,莫文蔚,张柏芝	1999-02-13(中国香港)	9.1
14	春光乍泄	张国荣,梁朝伟,张震	1997-05-17(法国)	9.2
15	剪刀手爱德	约翰尼·德普,薇诺娜·瑞德,黛安·韦斯特	1990-12-06(美国)	8.8
16	黑客帝国	基努·里维斯,凯瑞-安·莫斯,劳伦斯·菲什伯恩	2000/1/14	9
17	指环王3:	伊莱贾·伍德,伊恩·麦克莱恩,丽芙·泰勒	2004/3/15	9.2
18	哈利·波特	丹尼尔·雷德克里夫,鲁伯特·格林特,艾玛·沃特森	2002/1/26	9
19	加勒比海盗	约翰尼·德普,凯拉·奈特莉,奥兰多·布鲁姆	2003/11/21	8.9
20	楚门的世界	金·凯瑞,劳拉·琳妮,诺亚·艾默里奇	1998-06-05(美国)	8.9

图 3.10　TOP 榜单中的前 20 行数据

本 章 小 结

通过本章的学习，读者可以掌握 Python 程序设计语言的基础知识，包括常见数据结构与用法，实现分支结构与循环结构的 if 分支、for 循环与 while 循环语句，应用字符串处理方法与正则表达式灵活处理字符串数据以及自定义函数的构造与调用来完成复杂的程序功能。本章还介绍了爬虫工作原理及常用爬虫使用到的库，最后以抓取猫眼电影榜单 TOP100 的相关内容为例介绍网络数据爬取过程。

第 4 章　数据探索与数据预处理

本章主要介绍数据挖掘过程中的数据探索方法和数据预处理方法。通过本章的学习，读者将对数据探索与数据预处理步骤及相关方法有更深入的了解，为后续章节的数据挖掘案例学习打下坚实基础。本章介绍了数据探索与数据预处理知识点，具体内容如下：

- 常见的数据质量分析方法、常见数据特征分析方法；
- 异常值处理方法、缺失值处理方法和数据集成处理方法；
- 简单函数变换、数据规范化方法和连续属性离散化方法；
- 常见属性规约方法及数值规约方法；
- Python 基本统计特征函数和扩展统计特征函数及数据预处理函数。

4.1　数据探索核心内容

4.1.1　数据质量分析

数据质量分析是数据挖掘过程中数据准备的重要一环，是数据预处理的前提，也是数据挖掘分析结论有效性和准确性的基础。没有可信的数据，数据挖掘构建的模型将是空中楼阁。

数据质量分析的主要任务是检查原始数据中是否存在脏数据，脏数据一般是指不符合要求以及不能直接进行相应分析的数据。在常见的数据挖掘工作中，脏数据包括以下几种：

(1) 缺失值。

(2) 异常值。

(3) 不一致的值。

(4) 重复数据及含有特殊符号(如 #、￥、＊)的数据。

本小节将主要对数据中的缺失值、异常值和一致性进行分析。

1. 缺失值分析

数据的缺失主要包括记录的缺失和记录中某个字段信息的缺失，两者都会造成分析结果不准确，以下从缺失值产生的原因、缺失值的影响等方面展开分析。

1) 缺失值产生的原因

(1) 有些信息暂时无法获取，或者获取信息的代价太大。

(2) 有些信息是被遗漏的。可能是因为输入时认为不重要、忘记填写或对数据理解错误等一些人为因素而遗漏，也可能是由于数据采集设备的故障、存储介质的故障、传输媒体的故障等非人为原因而丢失。

(3) 属性值不存在。在某些情况下，缺失值并不意味着数据有错误。对一些对象来说某些属性值是不存在的，如一个未婚者的配偶姓名、一个儿童的固定收入等。

2) 缺失值的影响

(1) 数据挖掘建模将丢失大量的有用信息。

(2) 数据挖掘模型所表现出的不确定性更加显著，模型中蕴含的规律更难把握。

(3) 包含空值的数据会使建模过程陷入混乱，导致不可靠的输出。

3) 缺失值的分析

使用简单的统计分析，可以得到含有缺失值的属性的个数，以及每个属性的未缺失数、缺失数、缺失率等。

2. 异常值分析

异常值分析检验数据是否有录入错误以及是否含有不合常理的数据。忽视异常值的存在是十分危险的，不加剔除地把异常值包括进数据的计算分析过程中，会对结果带来不良影响；重视异常值的出现，分析其产生的原因，常常会成为发现问题进而改进决策的契机。

异常值是指样本中的个别值，其数值明显偏离其余的观测值。异常值也称为离群点，异常值的分析也称为离群点分析。

1) 简单统计量分析

可以先对变量做一个描述性统计，进而查看哪些数据是不合理的。最常用的统计量是最大值和最小值，它们用来判断这个变量的取值是否超出了合理的范围。如客户年龄的最大值为 199 岁，则该变量的取值存在异常。

2) 3σ(三倍标准差)原则

如果数据服从正态分布，则在 3σ 原则下，异常值被定义为一组测定值中与平均值的偏差超过三倍标准差的值。在正态分布的假设下，距离平均值 3σ 之外的值出现的概率为 $P(|x-\mu|>3\sigma)\leqslant0.003$(其中 x 表示某个具体的取值，μ 表示所有取值的均值)，属于极个别的小概率事件。

如果数据不服从正态分布，也可以用远离平均值的多少倍标准差来描述。

3) 箱型图分析

箱型图提供了识别异常值的一个标准：异常值通常被定义为小于 $Q_L-1.5\text{IQR}$ 或大于 $Q_L+1.5\text{IQR}$ 的值。Q_L 称为下四分位数，表示全部观察值中有 1/4 的数据取值比它小；Q_U 称为上四分位数，表示全部观察值中有 1/4 的数据取值比它大；IQR 称为四分位数间距(四分位距)，是上四分位数 Q_U 与下四分位数 Q_L 之差，其间包含了全部观察值的一半。

箱型图依据实际数据绘制，没有对数据作任何限制性要求，如要求数据服从某种特定的分布形式，它只是真实直观地表现数据分布的本来面貌；另一方面，箱型图判断异常值的标准以四分位数和四分位距为基础，四分位数具有一定的鲁棒性：多达 25% 的数据可以变得任意远而不会很大地扰动四分位数，所以异常值不能对这个标准施加影响。由此可见，箱型图识别异常值的结果比较客观，在识别异常值方面有一定的优越性。箱型图检测异常值如图 4.1 所示。

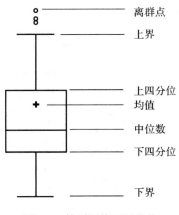

离群点
上界
上四分位
均值
中位数
下四分位
下界

图 4.1　箱型图检测异常值

3. 一致性分析

数据不一致性是指数据的矛盾性、不相容性。直接对不一致的数据进行挖掘，可能会产生与实际相违背的挖掘结果。

在数据挖掘过程中，不一致数据的产生主要发生在数据集成的过程中，可能是由于被挖掘数据是来自不同的数据源或者对于重复存放的数据未能进行一致性更新造成的。例如，两张表中都存储了用户的电话号码，但在用户的电话号码发生改变时，只更新了一张表中的数据，那么这两张表中就有了不一致的数据。

4.1.2　数据特征分析

对数据进行质量分析以后，接下来可通过绘制图表、计算某些特征量等手段进行数据的特征分析。

1. 分布分析

分布分析能揭示数据的分布特征和分布类型。对于定量数据，欲了解其分布形式是对称的还是非对称的、发现其某些特大或特小的可疑值，可做出频率分布表、绘制频率分布直方图、绘制茎叶图来进行直观的分析；对于定性数据，可用饼图和条形图直观地显示其分布情况。

1) 定量数据的分布分析

对于定量变量(数据)而言，如何选择"组数"和"组宽"是做频率分布分析时最主要的问题，一般按照以下步骤选择：

(1) 求极差。

(2) 决定组距与组数。

(3) 决定分点。

(4) 列出频率分布表。

(5) 绘制频率分布直方图。

选择时遵循以下主要原则：

(1) 各组之间必须是相互排斥的。

(2) 各组必须将所有的数据包含在内。

(3) 各组的组宽最好相等。

下面结合具体实例来运用分布分析对定量数据进行特征分析。

表 4.1 是捞起生鱼片在 2019 年第二个季度的销售情况，根据该表中的数据绘制销售量的频率分布表、频率分布图，并对该定量数据做出相应的分析。

表 4.1 捞起生鱼片的销售情况

日期	销售额	日期	销售额	日期	销售额
2019/4/1	420	2019/5/1	1770	2019/6/1	3960
2019/4/2	900	2019/5/2	135	2019/6/2	1770
2019/4/3	1290	2019/5/3	177	2019/6/3	3570
2019/4/4	420	2019/5/4	45	2019/6/4	2220
2019/4/5	1710	2019/5/5	180	2019/6/5	2700
□	□	□	□	□	□
2019/4/30	450	2019/5/30	2220	2019/6/30	2700
—	—	2019/5/31	1800	—	—

(1) 求极差。

$$极差 = 最大值 - 最小值 = 3960 - 45 = 3915$$

(2) 分组。

这里根据业务数据的含义，可取组距为 500。

$$组数 = \frac{极差}{组距} = \frac{3915}{500} = 7.83，取整为 8$$

(3) 决定分点。

分布区间如表 4.2 所示。

表 4.2 分 布 区 间

[0，500)	[500，1000)	[1000，1500)	[1500，2000)
[2000，2500)	[2500，3000)	[3000，3500)	[3500，4000)

(4) 绘制频率分布表。

根据分组区间得到如表 4.3 所示的频率分布表。其中，第 1 列将数据所在的范围分成若干组段，第 1 个组段要包括最小值，最后一个组段要包括最大值。习惯上将各组段设为左闭右开的半开区间，如第一个分组为[0，500)。第 2 列的组中值是各组段的代表值，由本组段的上、下限相加除以 2 得到。第 3 列和第 4 列分别为频数和频率。第 5 列是累计频率，是否需要计算该列视情况而定。

表 4.3   频 率 分 布 表

组　段	组中值 x	频数/次	频率出现的可能性	累计频率出现的可能性
[0，500)	250	15	16.48%	16.48%
[500，1000)	750	24	26.37%	42.85%
[1000，1500)	1250	17	18.68%	61.54%
[1500，2000)	1750	15	16.48%	78.02%
[2000，2500)	2250	9	9.89%	87.91%
[2500，3000)	2750	3	3.30%	92.31%
[3000，3500)	3250	4	4.40%	95.60%
[3500，4000)	3750	3	3.30%	98.90%
[4000，4500)	4250	1	1.10%	100.00%

(5) 绘制频率分布直方图。

若以 2019 年第二季度捞起生鱼片每天的销售额作为横轴，以各组段的频率密度(频率与组距之比)作为纵轴，则表 4.3 的数据可绘制成如图 4.2 所示的频率分布直方图。

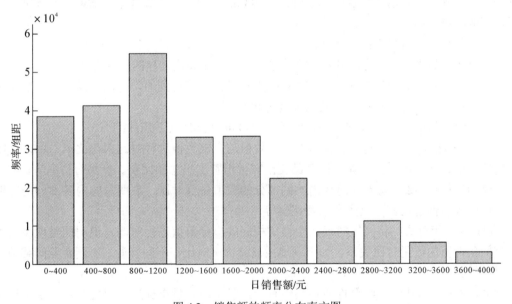

图 4.2   销售额的频率分布直方图

2) 定性数据的分布分析

对于定性变量(数据)，常常根据变量的分类类型来对其进行分组并采用饼图和条形图来描述其分布。

饼图的每一个扇形部分代表每一类型变量的百分比或频数，根据定性变量的类型数目将饼图分成相应的几个部分，每一部分的大小与每一类型变量的频数成正比；条形图的高度代表每一类型变量的百分比或频数，条形图的宽度没有意义。

图 4.3 和图 4.4 是菜品 A、B、C 在某段时间的销售量的分布图。

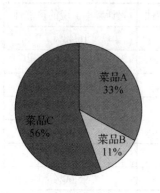

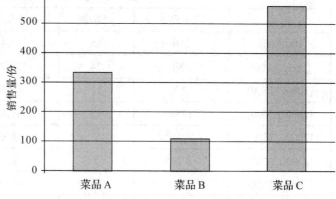

图 4.3　菜品销售量分布(饼图)　　　　　图 4.4　菜品的销售量分布(条形图)

2. 对比分析

对比分析是指把研究对象的两个相互联系的指标进行比较,从数量上展示和说明研究对象规模的大小、水平的高低、速度的快慢以及各种关系是否协调。该分析方法特别适用于指标间的横纵向比较、时间序列的比较分析。在对比分析中,选择合适的对比标准是十分关键的步骤,只有选择得合适,才能做出客观的评价,如果选择不合适的对比标准,则评价可能会得出错误的结论。

对比分析主要有以下两种形式:

(1) 绝对数比较。它是利用绝对数进行对比,从而寻找差异的一种方法。

(2) 相对数比较。它是由两个有联系的指标对比计算得到的,是用以反映客观现象之间数量联系程度的综合指标,其数值表现为相对数。

由于研究目的和对比基础不同,因此相对数可以分为以下几种:

(1) 结构相对数:将同一总体内的部分数值与全部数值进行对比求得比重,用以说明事物的性质、结构或质量。如居民食品支出额占消费支出总额比重、产品合格率等。

(2) 比例相对数:将同一总体内不同部分的数值进行对比,表明总体内各部分的比例关系,如人口性别比例、投资与消费比例等。

(3) 比较相对数:将同一时期两个性质相同的指标数值进行对比,说明同类现象在不同空间条件下的数量对比关系。如不同地区商品价格对比,不同行业、不同企业间某项指标对比等。

(4) 强度相对数:将两个性质不同但有一定联系的总量指标进行对比,用以说明现象的强度、密度和普遍程度。如人均国内生产总值用"元/人"表示,人口密度用"人/平方千米"表示。也有用百分数或千分数表示的,如人口出生率用‰表示。

(5) 计划完成程度相对数:将某一时期实际完成数与计划数进行对比,用以说明计划完成程度。

(6) 动态相对数:将同一现象在不同时期的指标数值进行对比,用以说明发展方向和变化的速度,如发展速度、增长速度等。

从时间的维度上分析各菜品的销售数据,可以看到甜品部 A、海鲜部 B、素菜部 C 三个部门之间的销售金额随时间的变化趋势,了解在此期间哪个部门的销售金额较高,趋势比较平稳，如图 4.5 所示。

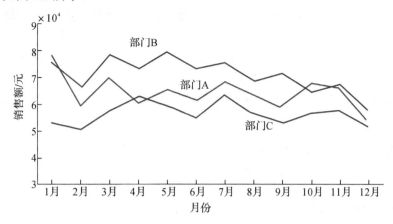

图 4.5　部门之间销售金额的比较

从总体来看，三个部门的销售金额呈递减趋势。部门 A 和部门 C 的递减趋势比较平稳；部门 B 的销售金额下降的趋势比较明显，可以进一步分析造成这种现象的原因，如可能是原材料不足造成的。

3. 统计量分析

用统计指标对定量数据进行统计描述，经常从集中趋势和离中趋势两个方面进行分析。

平均水平的指标是对个体集中趋势的度量，使用最广泛的是均值和中位数；反映变异程度的指标则是对个体离开平均水平的度量，使用较广泛的是标准差(方差)、四分位间距。

1) 集中趋势度量

(1) 均值。均值是所有数据的平均值。

如果求 n 个原始观察数据的平均数，则计算公式如下：

$$\text{mean}(x) = \overline{x} = \frac{\sum x_i}{n} \tag{4-1}$$

其中，i 的取值范围是 $1 \sim n$，x_i 表示第 i 个数。有时，为了反映均值中不同成分所占的不同重要程度，会为数据集中的每一个 x_i 赋予 w_i，这就得到了加权均值的计算公式：

$$\text{mean}(x) = \overline{x} = \frac{\sum w_i x_i}{\sum w_i} = \frac{w_i x_1 + w_2 x_2 + \cdots + w_n x_n}{w_1 + w_2 + \cdots + w_n} \tag{4-2}$$

类似地，频率分布表的平均数可以使用下式计算：

$$\text{mean}(x) = \overline{x} = \sum f_i x_i = f_1 x_1 + f_2 x_2 + \cdots + f_k x_k \tag{4-3}$$

式中，x_1，x_2，$\cdots$，x_k 分别为 k 个组段的组中值，f_1，f_2，$\cdots$，f_k 分别为 k 个组段的频率。这里的 f_i 起了权重的作用。

作为一个统计量，均值的主要问题是对极端值很敏感。如果数据中存在极端值或者数据是偏态分布的，那么均值就不能很好地度量数据的集中趋势。为了消除少数极端值的影响，可以使用截断均值或者中位数来度量数据的集中趋势。截断均值是去掉高、低极端值之后的平均数。

(2) 中位数。中位数是将一组观察值从小到大按顺序排列，位于中间的那个数据，即在全部数据中小于和大于中位数的数据个数相等。

将某一数据集 x：$\{x_1, x_2, \cdots, x_n\}$ 从小到大排序为

$$\{x_{(1)}, x_{(2)}, \cdots, x_{(n)}\}$$

当 n 为奇数时，中位数 M 如下：

$$M = x_{\left(\frac{n+1}{2}\right)} \tag{4-4}$$

当 n 为偶数时，中位数 M 如下：

$$M = \frac{1}{2}\left(x_{\left(\frac{n}{2}\right)} + x_{\left(\frac{n+1}{2}\right)}\right) \tag{4-5}$$

(3) 众数。众数是指数据集中出现最频繁的值。众数并不适用于确定变量的中心位置，更适用于定性分析变量。众数不具有唯一性。

2) 离中趋势度量

(1) 极差。其计算公式如下：

$$极差 = 最大值 - 最小值$$

极差对数据集的极端值非常敏感，并且忽略了位于最大值与最小值之间的数据是如何分布的。

(2) 标准差。标准差度量数据偏离均值的程度，计算公式如下：

$$s = \sqrt{\frac{\sum(x_i - \overline{x})^2}{n}} \tag{4-6}$$

其中，x_i 表示某个具体的取值，n 表示总取值数，$\overline{x}$ 表示这一组数的均值。

(3) 变异系数。变异系数度量标准差相对于均值的离中趋势，计算公式如下：

$$CV = \frac{s}{\overline{x}} \times 100\% \tag{4-7}$$

变异系数主要用来比较两个或多个具有不同单位或不同波动幅度的数据集的离中趋势。

(4) 四分位数间距。四分位数包括上四分位数和下四分位数。将所有数值由小到大排列并分成四等份，处于第一个分割点位置的数值是下四分位数，处于第二个分割点位置(中间位置)的数值是中位数，处于第三个分割点位置的数值是上四分位数。

四分位数间距是上四分位数 Q_U 与 F 四分位数 Q_L 之差，其间包含了全部观察值的一半。其值越大，说明数据的变异程度越大；反之，说明变异程度越小。

4. 贡献度分析

贡献度分析又称帕累托分析，它的原理是帕累托法则，又称 20/80 定律。该定律是指同样的投入放在不同的地方会产生不同的效益。比如，对一个公司来讲，其 80%的利润常常来自 20%最畅销的产品，而其他 80%的产品只产生了 20%的利润。

对餐饮企业来讲，应用贡献度分析可以重点改善某菜系盈利最高的前 80%的菜品，或者重点发展综合影响最高的 80%的部门。这种结果可以通过帕累托图直观地呈现出来。图 4.6 所示是海鲜系列的 10 个菜品 A1~A10 某个月的盈利额(已按照从大到小排序)。

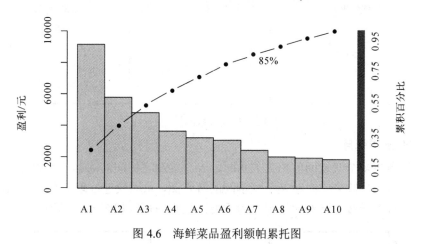

图 4.6 海鲜菜品盈利额帕累托图

由图 4.6 可知，菜品 A1~A7 共 7 个，占菜品种类数的 70%，总盈利额占该月盈利额的 85.0033%。根据帕累托法则，应该增加对菜品 A1~A7 的成本投入，减少对菜品 A8~A10 的投入，以获得更高的盈利额。

表 4.4 是餐饮系统对应的菜品盈利数据示例。

表 4.4 餐饮系统菜品盈利数据

菜品 ID	17148	17154	109	117	17151
菜品名	A1	A2	A3	A4	A5
盈利/元	9173	5729	4811	3594	3195
菜品 ID	14	2868	397	88	426
菜品名	A6	A7	A8	A9	A10
盈利/元	3026	2378	1970	1877	1782

5. 相关性分析

分析连续变量之间线性相关程度的强弱，并用适当的统计指标表示出来的过程称为相关性分析。

1) 直接绘制散点图

判断两个变量是否具有线性相关关系的最直观的方法是直接绘制散点图，如图 4.7 所示。

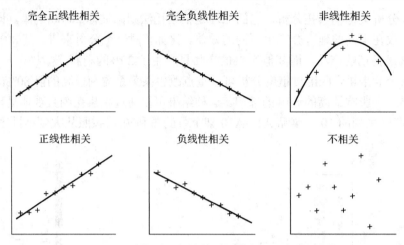

图 4.7　相关关系的散点图

2) 绘制散点图矩阵

需要同时考察多个变量间的相关关系时，一一绘制它们间的简单散点图会十分麻烦。此时可利用散点图矩阵来同时绘制各变量间的散点图，从而快速发现多个变量间的主要相关性，这在进行多元线性回归时显得尤为重要。散点图矩阵如图 4.8 所示。

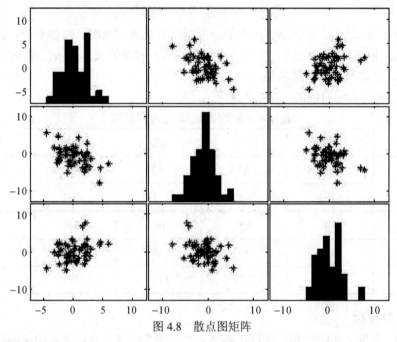

图 4.8　散点图矩阵

3) 计算相关系数

为了更加准确地描述变量之间的线性相关程度，可以通过计算相关系数来进行相关分析。在二元变量的相关分析过程中比较常用的相关系数有 Pearson 相关系数、Spearman 秩相关系数和判定系数。

(1) Pearson 相关系数。

Pearson 系数一般用于分析两个连续性变量之间的关系，其计算公式如下：

$$r = \frac{\sum_{i=1}^{n}(x_i - \bar{x})(y_i - \bar{y})}{\sqrt{\sum_{i=1}^{n}(x_i - \bar{x})^2 \sum_{i=1}^{n}(y_i - \bar{y})^2}} \tag{4-8}$$

其中，x_i 表示第一个变量的某个取值，y_i 表示第二个变量的某个取值，$\bar{x}$ 表示第一个变量的均值，$\bar{y}$ 表示第二个变量的均值。

相关系数 r 的取值范围：$-1 \leqslant r \leqslant 1$。

$$\begin{cases} r > 0 \text{ 为正相关，} r < 0 \text{ 为负相关} \\ |r| = 0 \text{ 表示不存在线性关系} \\ |r| = 1 \text{ 表示完全线性相关} \end{cases}$$

$0 < |r| < 1$ 表示存在不同程度线性相关：

$$\begin{cases} |r| \leqslant 0.3 \text{ 为不存在线性相关} \\ 0.3 < |r| \leqslant 0.5 \text{ 为低度线性相关} \\ 0.5 < |r| \leqslant 0.8 \text{ 为显著线性相关} \\ |r| > 0.8 \text{ 为高度线性相关} \end{cases}$$

(2) Spearman 秩相关系数。

Pearson 线性相关系数要求连续变量的取值服从正态分布。不服从正态分布的变量、分类或等级变量之间的关联性可采用 Spearman 秩相关系数，也称等级相关系数来描述。其计算公式如下：

$$r_s = 1 - \frac{6\sum_{i=1}^{n}(R_i - Q_i)^2}{n(n^2 - 1)} \tag{4-9}$$

对两个变量成对的取值分别按照从小到大(或者从大到小)顺序编秩，R_i 代表 x_i 的秩次，Q_i 代表 y_i 的秩次，$R_i - Q_i$ 为 x_i、y_i 的秩次之差。

表 4.5 给出一个变量 $x = (x_1, x_2, \cdots, x_i, \cdots, x_n)$秩次的计算过程。

表 4.5　变量 x 秩次的计算过程

x_i 从小到大排序	从小到大排序时的位置	秩次 R_i
0.5	1	1
0.8	2	2
1.0	3	3
1.2	4	(4+5)/2=4.5
1.2	5	(4+5)/2=4.5
2.3	6	6
2.8	7	7

因为一个变量的相同的取值必须有相同的秩次，所以在计算中采用的秩次是排序后所

在位置的平均值。

易知，只要两个变量具有严格单调的函数关系，那么它们就是完全 Spearman 相关的，这与 Pearson 相关不同，Pearson 相关只有在变量具有线性关系时才是完全相关的。

上述两种相关系数在实际应用计算中都要对其进行假设检验，使用 t 检验方法检验其显著性水平，以确定其相关程度。研究表明，在正态分布假定下，Spearman 秩相关系数与 Pearson 相关系数在效率上是等价的；而对于连续测量数据，更适合用 Pearson 相关系数来进行分析。

(3) 判定系数。

判定系数是相关系数的平方，用 r^2 表示，用来衡量回归方程对 y 的解释程度。判定系数取值范围为 $0 \leqslant r^2 \leqslant 1$。$r^2$ 越接近于 1，表明 x 与 y 之间的相关性越强；r^2 越接近于 0，表明两个变量之间几乎没有直线相关关系。

4.1.3 Python 主要探索函数

Python 中用于数据探索的库主要是 Pandas(数据分析)和 Matplotlib(数据可视化)。其中，Pandas 提供了大量的与数据探索相关的函数，这些数据探索函数可大致分为统计特征函数与统计作图函数，而作图函数依赖于 Matplotlib，所以往往又会与 Matplotlib 结合在一起使用。本小节对 Pandas 中主要的统计特征函数与统计作图函数进行介绍并举例，以方便读者理解。

1. 基本统计特征函数

统计特征函数用于计算数据的均值、方差、标准差、分位数、相关系数和协方差等，这些统计特征能反映出数据的整体分布。本小节所介绍的统计特征函数如表 4.6 所示，它们主要作为对象 Pandas 的对象 DataFrame 或对象 Series 的方法出现。

表 4.6　Pandas 库主要统计特征函数

方法名	函 数 功 能
sum()	按列计算样本总和
mean()	计算样本的算术平均数
var()	样本的方差
std()	标准差
corr()	计算 Spearman 或 Person 相关系数矩阵
cov	协方差矩阵
skew	样本偏度(三阶矩阵)
kurt	样本峰度(四阶矩阵)
describe()	样本的基本描述(均值、标准差)

下面采用实际例子分别介绍 corr()、cov()、skew()、kurt()、describe()等几种主要的统计特征函数。

1) corr()

功能：计算 Spearman(Person)相关系数矩阵。

使用格式如下：

```
D.corr( method = 'pearson')
```

样本 D 可为 DataFrame，返回相关系数矩阵。method 参数为计算方法，支持 Pearson(皮尔森相关系数，默认选项)、Kendall(肯德尔系数)和 Spearman(斯皮尔曼系数)。实例代码如下：

```
import    pandas as pd
import numpy as np
data = pd.DataFrame({'A':np.random.randint(1, 100, 10),
                     'B':np.random.randint(1, 100, 10),
                     'C':np.random.randint(1, 100, 10)})
print(data.corr())                #计算 Pearson 相关系数
print(data.corr('kendall'))       # Kendall 相关系数
print(data.corr('spearman'))      # Spearman 秩相关
```

Pearson、Kendall、Spearman 三种相关系数计算结果如图 4.9 所示。

```
           A          B          C
A   1.000000   0.603589  -0.566134
B   0.603589   1.000000  -0.030361
C  -0.566134  -0.030361   1.000000
           A          B          C
A   1.00000    0.404520  -0.413820
B   0.40452    1.000000   0.022733
C  -0.41382    0.022733   1.000000
           A          B          C
A   1.000000   0.547115  -0.562694
B   0.547115   1.000000   0.042684
C  -0.562694   0.042684   1.000000

Process finished with exit code 0
```

图 4.9　Pearson、Kendall、Spearman 三种相关系数计算结果

2) cov()

功能：计算数据样本的协方差矩阵。

使用格式如下：

```
D.cov()
```

样本 D 可为 DataFrame，返回协方差矩阵。

S1 .cov(S2) 中的 S1、S2 均为 Series，这种格式指定计算两个 Series 之间的协方差。

实例代码如下：

```
import numpy as np
import pandas as pd
D = pd.DataFrame(np.random.randn(4, 4))    #产生 4×4 随机矩阵
print(D.cov())                             #计算协方差矩阵
print(D[0].cov(D[1]))                      #计算第一列和第二列的协方差
```

协方差计算结果如图 4.10 所示。

```
E:\python\Anaconda3\python.exe E:/python/Pycharm
          0          1          2          3
0   0.818716  -0.095144  -0.016161  -0.368401
1  -0.095144   0.371109   0.265196   0.199522
2  -0.016161   0.265196   2.176184  -0.494565
3  -0.368401   0.199522  -0.494565   0.425579
-0.0951444616739437
```

图 4.10 协方差计算结果

3) skew/kurt

功能：计算数据样本的偏度(三阶矩)/峰度(四阶矩)。

使用格式如下：

D.skew() /D.kurt()

计算样本 D 的偏度(三阶矩)/峰度(四阶矩)。样本 D 可为 DataFrame 或 Series。

实例：计算 4×4 随机矩阵的偏度(三阶矩)/峰度(四阶矩)，代码如下。

```
import numpy as np

import pandas as pd

D = pd.DataFrame(np.random.randn(4, 4))        #产生 4×4 随机矩阵

print(D.skew())                                #计算三阶矩

print(D.kurt())                                #计算四阶矩
```

4×4 随机矩阵三阶矩及四阶矩计算结果如图 4.11 所示。

```
E:\python\Anaconda3\python
0    -1.087220
1    -0.491851
2    -0.133627
3     0.186918
dtype: float64
0     0.052365
1     1.430775
2    -2.474275
3    -4.930405
dtype: float64
```

图 4.11 4×4 随机矩阵三阶矩及四阶矩计算结果

4) describe()

功能：直接给出样本数据的一些基本的统计量，包括均值、标准差、最大值、最小值、分位数等。

使用格式如下：

D.describe()

括号里可以带一些参数，比如，percentiles = [0.2, 0.4, 0.6, 0.8]就是指定只计算 0.2、0.4、0.6、0.8 分位数，而不是默认的 1/4、1/2、3/4 分位数。

实例：给出 4×4 随机矩阵的 describe()，代码如下。

```
import numpy as np
import pandas as pd
D = pd.DataFrame(np.random.randn(4, 4))          #产生 4 × 4 随机矩阵
print(D.describe())
```

4 × 4 随机矩阵的 describe 结果如图 4.12 所示。

```
E:\python\Anaconda3\python.exe E:/python/Pycharm
             0          1          2          3
count  4.000000   4.000000   4.000000   4.000000
mean  -0.974077   0.146688   0.087242   0.422619
std    1.016326   1.316978   1.087851   0.833154
min   -2.147775  -1.381526  -1.168657  -0.330287
25%   -1.524419  -0.336041  -0.299212  -0.195032
50%   -1.004601   0.066820   0.014953   0.271076
75%   -0.454259   0.549549   0.401407   0.888726
max    0.260668   1.834641   1.487720   1.478613
```

图 4.12　4 × 4 随机矩阵的 describe 结果

2. 拓展统计特征函数

除了上述基本的统计特征外，Pandas 还提供了一些非常方便实用的计算统计特征的函数，主要有累积计算(cum)和滚动计算(pd.rolling_)，这两种计算的统计特征函数分别见表 4.7 和表 4.8。

表 4.7　Pandas 库累计统计特征函数

函数名	函 数 功 能
cumsum()	依次给出前 1，2，…，n 个数的和
cumprod()	依次给出前 1，2，…，n 个数的积
cummax()	依次给出前 1，2，…，n 个数的最大值
cummin()	依次给出前 1，2，…，n 个数的最小值

表 4.8　Pandas 库滚动统计特征函数

函数名	函 数 功 能
.rolling_sum()	按列计算样本总和
rolling_mean()	计算样本的算术平均数
rolling_var()	样本的方差
rolling_std()	标准差
rolling_corr()	计算 Spearman(Pearson)相关系数矩阵
rolling_cov	协方差矩阵
rolling_skew	样本偏度 (三阶矩阵)
rolling_kurt	样本峰度 (四阶矩阵)

其中，cum 系列函数是作为 DataFrame 或 Series 对象的方法而出现的，因此命令格式

为 D.cumsum()，而 rolling-系列是 Pandas 的函数，不是 DataFrame 或 Series 对象的方法，因此对于滚动特征函数来说，在 Python 3.7 版本中应该写为 D.rolling(k).sum()，而不是 pd.rolling_mean(D, k)，意思是每 k 列计算一次均值，滚动计算。

```
import pandas as pd
D=pd.Series(range(0, 5))          #构造 Series，内容为 0～19 共 20 个整数
print(D.cumsum())                 #求出前 n 项和
print(D.rolling(2).sum())
```

累计统计与滚动特征函数结果如图 4.13 所示。

```
E:\python\Anaconda3\python.exe E:/
0      0
1      1
2      3
3      6
4     10
dtype: int64
0    NaN
1    1.0
2    3.0
3    5.0
4    7.0
dtype: float64
```

图 4.13　累计统计与滚动特征函数结果

3. 统计作图函数

通过统计作图函数绘制的图表可以直观地反映出数据及统计量的性质及其内在规律，如盒图可以表示多个样本的均值，误差条形图能同时显示下限误差和上限误差，最小二乘拟合曲线图能分析两个变量之间的关系。

Python 的主要作图库是 Matplotlib，在第 2 章中已经进行了初步的介绍，而 Pandas 基于 Matplotlib，并对某些命令进行了简化，因此作图通常是 Matplotlib 和 Pandas 相互结合着使用。本小节仅简介一些基本的作图函数，真正灵活地使用应当参考书中所给出的各个作图代码清单。下面要介绍的统计作图函数如表 4.9 所示。

表 4.9　统计作图函数

作图函数名	作图函数功能	所属工具箱
plot()	绘制线性二维图、折线图	Matplotlib/Pandas
pie()	绘制饼形图	Matplotlib/Pandas
hist()	绘制二维条形直方图，可显示数据的分配情况	Matplotlib/Pandas
boxplot()	绘制样本数据的箱形图	Matplotlib/Pandas
plot(logy = True)	绘制 y 轴的对数图形	Pandas
plot(yerr = error)	绘制误差条形图	Pandas

在绘制曲线之前需要加载以下代码：

```
import matplotlib. pyplot as plt          #导入作图库
plt.rcParams['font.sans-serif']=['simhei']    #正常显示中文标签的作用
plt.rcParams['axes.unicode_minus']=False      #正常显示负号的作用
plt.figure(figsize=(7, 5))                #创建图像区域，制定比例
plt.show()
```

1) plot()

功能：绘制线性二维图、折线图。

使用格式如下：

```
plt.plot(x, y, S)
```

这是 Matplotlib 通用的绘图方式，以 x 为横轴，y 为纵轴绘制图形(即以 x 为横轴的二维图形)，字符串参量 S 指定绘制时图形的类型、样式和颜色，常用的选项有：'b' 为蓝色、'r' 为红色、'g' 为绿色、'o' 为圆圈、'+' 为加号标记、'-' 为实线、'--' 为虚线。当 x、y 均为实数同维向量时，则描出点$(x(i)，y(i))$，然后用直线依次相连。

```
import matplotlib.pyplot as plt           #导入作图库
import numpy as np
plt.rcParams['font.sans-serif'] = ['SimHei']    # 用来正常显示中文标签
plt.rcParams['axes.unicode_minus'] = False      # 用来正常显示负号
x = np.linspace(0, 2*np.pi, 50)           # x 坐标输入
y = np.cos(x)
plt.plot(x, y, 'rp-')
plt.show()
```

折线图实例如图 4.14 所示。

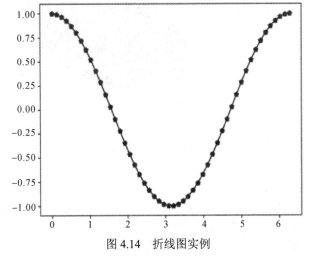

图 4.14 折线图实例

2) pie()

功能：绘制饼图。

使用格式如下：

```
plt.pie(size)
```

使用 Matplotlib 绘制饼图，其中 size 是一个列表，用来记录各个扇形的比例。pie 有丰富的参数，详情可参考下面的实例。

```
import matplotlib.pyplot as plt                      #导入作图库
import numpy as np
plt.rcParams['font.sans-serif'] = ['SimHei']          #用来正常显示中文标签
plt.rcParams['axes.unicode_minus'] = False            #用来正常显示负号
labels = ['pineapple ', 'watermelon', ' shaddock', 'lemon']   #每一块标签
sizes = [20, 20, 45, 15]                              #每一块比例
colors = ['yellowgreen', 'gold', 'lightskyblue', 'lightcoral']  #每一块颜色
explode = (0, 0, 0.1, 0)                              #突出显示第二块
plt.pie(sizes, explode=explode, labels=labels, colors=colors, autopct='%1.1f%%', shadow=False,
startangle=90)
plt.axis('equal')
plt.show()
```

饼图实例如图 4.15 所示。

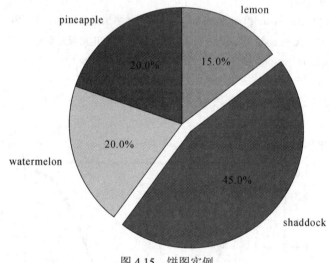

图 4.15　饼图实例

3) hist()

功能：绘制二维条形直方图，可显示数据的分布情形。

使用格式如下：

```
plt.hit(x, y)
```

其中：x 是待绘制直方图的一维数组；y 可以是整数，表示均匀分为 n 组，也可以是列表，列表各个数字为分组的边界点(即手动指定分界点)。

实例：绘制二维条形直方图，随机生成有 10000 个元素服从正态分布的数组，分成 10 组绘制直方图，代码如下。

```
import matplotlib.pyplot as plt                      #导入作图库
import numpy as np
```

```
plt.rcParams['font.sans-serif'] = ['SimHei']          #用来正常显示中文标签
plt.rcParams['axes.unicode_minus'] = False            #用来正常显示负号
x = np.random.randn(10000)                            #10 000 个服从正态分布的随机数
plt.hist(x, 8)                                        #分成 8 组绘制直方图
plt.show()
```

绘制结果如图 4.16 所示。

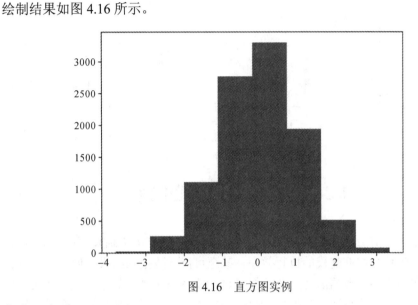

图 4.16　直方图实例

4) boxplot()

功能：绘制样本数据的箱型图。

使用格式如下：

```
D.boxplot() /D.plot(kind='box')
```

有两种比较简单的方式绘制 D 的箱型图，其中一种是直接调用 DataFrame 的 boxplot() 方法；另外一种是调用 Series 或者 DataFrame 的 plot()方法，并用 kind 参数指定箱型图(box)。其中，盒子的上、下四分位数和中值处有一条线段。箱型末端延伸出去的直线称为须，表示盒外数据的长度。如果在须外没有数据，则在须的底部有一点，点的颜色与须的颜色相同。

实例：绘制样本数据的箱型图，样本由两组正态分布的随机数组成。其中，一组数据均值为 0，标准差为 1；另一组数据均值为 1，标准差为 1。代码如下：

```
import matplotlib.pyplot as plt                       #导入作图库
import pandas as pd
import numpy as np
plt.rcParams['font.sans-serif'] = ['SimHei']          #用来正常显示中文标签
plt.rcParams['axes.unicode_minus'] = False            #用来正常显示负号
x = np.random.randn(10000)                            #10 000 个服从正态分布的随机数
D = pd.DataFrame([x, x+1]).T
D.plot(kind='box')
plt.show()
```

绘制结果如图 4.17 所示。

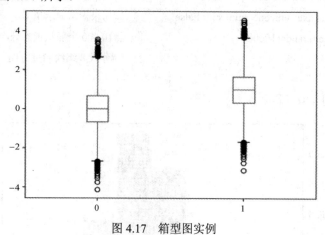

图 4.17 箱型图实例

4.2 数据预处理核心内容

在数据挖掘中，海量的原始数据中存在着大量不完整(有缺失值)、不一致、有异常的数据，严重影响到数据挖掘建模的执行效率，甚至可能导致挖掘结果的偏差，所以进行数据清洗就显得尤为重要，数据清洗完成后接着进行或者同时进行数据集成、转换、规约等一系列的处理，该过程就是数据预处理。数据预处理一方面要提高数据的质量，另一方面要让数据更好地适应特定的挖掘技术或工具。统计发现，在数据挖掘的过程中，数据预处理的工作量占到了整个过程的 60%。

数据预处理的主要内容包括数据清洗、数据集成、数据变换和数据规约。数据预处理过程如图 4.18 所示。

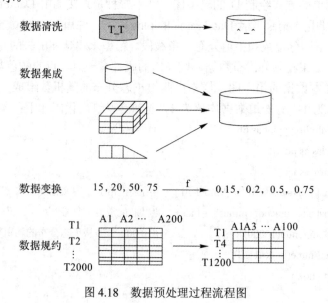

图 4.18 数据预处理过程流程图

4.2.1 数据清洗

数据清洗主要是删除原始数据集中的无关数据、重复数据，平滑噪声数据，筛选掉与挖掘主题无关的数据，处理缺失值、异常值等。

1. 缺失值处理

处理缺失值的方法可分为三类：删除记录、数据插补和不处理。常用的数据插补方法见表 4.10。

表 4.10 常用的数据插补方法

插补方法	方 法 描 述
均值/中位数/众数插补	根据属性值的类型，用该属性取值的均值/中位数/众数进行插补
使用固定值插补	将缺失的属性值用一个常量替换
最近临插补	在记录中找到与缺失样本数据最接近的样本的该属性值进行插补
回归方法	对带有缺失值的变量，根据已有数据和与其有关的其他变量(因变量)的数据建立拟合模型来预测缺失的属性值
插值法	利用已知点建立合适的插值函数 $f(x)$，未知值由对应点 x_i 求出的函数值 $f(x_i)$ 近似代替

如果想要通过简单地删除小部分记录来达到既定的目标，那么删除含有缺失值的记录的方法是最有效的。然而，这种方法却有很大的局限性。它以减少历史数据来换取数据的完备，从而会造成资源的大量浪费，也会丢弃大量隐藏在这些记录中的信息。尤其在数据集本来就包含很少记录的情况下，删除少量记录可能会严重影响到分析结果的客观性和正确性。一些模型可以将缺失值视作一种特殊的取值，允许直接在含有缺失值的数据上进行建模。

常见的插值方法包括：拉格朗日插值法、牛顿插值法、Hermite 插值法、分段插值法、样条插值法等。在 Python 的 Scipy 库中，提供了拉格朗日插值法的函数，这主要是因为该方法实现相对容易。如果需要使用牛顿插值法，则需要自行编写代码。用拉格朗日插值对缺失值进行插补的 Python 程序实现如下：

```
import pandas as pd
#s 为列向量，n 为被插值的地方，k 为取前后的数据个数，默认为 5
from scipy.interpolate import lagrange              #导入拉格朗日插值函数
data=pd.read_excel(r'catering_sale.xls')
#过滤异常值，将其变为空值
data['销量'][(data['销量']<400)|(data['销量']>5000)]=None
def ployinterp_column(s, n, k=5):
    y=s.iloc[list(range(n-k, n))+list(range(n+1, n+1+k))]   #取数
    y=y[y.notnull()]                                #剔除空值
    return lagrange(y.index, list(y))(n)            #插值并返回插值结果
```

```
def data_lagrange(data):
    for i in data.columns:                    #获取 data 的列名
        for j in range(len(data)):
            if (data[i].isnull())[j]:    #判断 data 的 i 列第 j 个位置的数据是否为空，如果为空即插值
                data.loc[j, i]=ployinterp_column(data[i], j)
    return data
#填补 data 中的缺失值
data_lagronge(data)
data.to_excel(r'outputfile.xls', header=None, index=False)
```

2. 异常值处理

在数据预处理时，异常值是否剔除，需视具体情况而定，因为有些异常值可能蕴含着有用的信息。异常值处理常用方法见表 4.11。

表 4.11　异常值处理常用方法

异常值处理方法	方 法 描 述
删除含有异常值的记录	直接将含有异常值的记录删除
视为缺失值	将异常值视为缺失值，利用缺失值处理的方法进行处理
平均值修正	可用前后两个观测值的平均值修正该异常值
不处理	直接在具有异常值的数据集上进行挖掘

将含有异常值的记录直接删除的方法简单易行，但缺点也很明显，在观测值很少的情况下，这种删除会造成样本量不足，可能会改变变量的原有分布，从而造成分析结果的不准确。视为缺失值处理的好处是可以利用现有变量的信息，对异常值(缺失值)进行填补。

在很多情况下，要先分析可能出现异常值的原因，再判断异常值是否应该舍弃。如果是正确的数据，则可以直接在具有异常值的数据集上进行挖掘建模。

3. 数据集成

数据挖掘需要的数据往往分布在不同的数据源中，数据集成就是将多个数据源中数据在逻辑上或物理上有机地集中的过程。

在数据集成时，来自多个数据源的现实世界实体的表达形式是不一样的，有可能不匹配，要考虑实体识别问题和属性冗余问题，从而将源数据在最底层上加以转换、提炼和集成。

1) 实体识别

实体识别是指从不同数据源识别出现实世界的实体，它的任务是统一不同数据源的矛盾之处，常见形式如下：

(1) 同名异义。数据源 A 中的属性 ID 和数据源 B 中的属性 ID 分别描述的是菜品编号和订单编号，即描述不同的实体。

(2) 异名同义。数据源 A 中的 sales_dt 和数据源 B 中的 sales_date 都是描述销售日期

的，即 A.sales_dt = B.sales_date。

(3) 单位不统一。描述同一个实体分别用的是国际单位和中国传统的计量单位。

检测和解决这些冲突就是实体识别的任务。

2) 冗余属性识别

数据集成往往导致数据冗余，例如：

(1) 同一属性多次出现。

(2) 同一属性命名不一致导致重复。

对于冗余属性要先分析，检测到冗余属性后，再将其删除。有些冗余属性可以用相关分析检测。

4.2.2　数据变换

数据变换主要是对数据进行规范化处理，将数据转换成"适当的"形式，以适应挖掘任务及算法的需要。

1. 简单函数变换

简单函数变换是对原始数据进行某些数学变换，常用的变换包括平方、开方、取对数、差分运算等，即简单函数变换常用来将不具有正态分布的数据变换成具有正态分布的数据。

在时间序列分析中，有时简单的取对数变换或者差分运算就可以将非平稳序列转换成平稳序列。在数据挖掘中，简单函数变换可能更有必要，比如个人年收入的取值范围为 10 000 元~10 亿元，这是一个很大的区间，使用对数变换对其进行压缩是一种常用的变换处理方法。

2. 规范化

数据规范化(归一化)处理是数据挖掘的一项基础工作。不同评价指标往往具有不同的量纲，数值间的差别可能很大，不进行处理可能会影响到数据分析的结果。为了消除不同指标间的量纲和取值范围差异的影响，需要进行标准化处理，将数据按照比例进行缩放，从而使其落到一个特定区域，便于进行综合分析。

1) 最小-最大规范化

该规范化也称离差标准化，是对原始数据的线性变换，将数值映射到[0, 1]。离差标准化公式如下：

$$x^* = \frac{x - x_{\min}}{x_{\max} - x_{\min}} \tag{4-10}$$

其中，x 表示原始数据的值，x^* 表示数据规范化之后的值，$x_{\max}$ 为样本数据的最大值，$x_{\min}$ 为样本数据的最小值。$x_{\max} - x_{\min}$ 为极差。离差标准化保留了原来数据中存在的关系，是消除量纲和数据取值范围影响的最简单的方法。这种处理方法的缺点是：若数值集中且某个数值很大，则规范化后各值会接近于 0，并且将会相差不大。若将来遇到超过目前属性$[x_{\min}, x_{\max}]$取值范围的情况，则会引起系统出错，需要重新确定 $x_{\min}$ 和 $x_{\max}$。

2) 零-均值规范化

该规范化也称标准差标准化，经过处理的数据的均值为 0，标准差为 1，是当前用得最多的数据标准化方法。标准差标准化的公式如下：

$$x^* = \frac{x - \overline{x}}{\sigma} \tag{4-11}$$

其中，x 表示原始数据的值，$\overline{x}$ 为原始数据的均值，σ 为原始数据的标准差。

3) 小数定标规范化

通过移动属性值的小数位数，将属性值映射到[−1, 1]。移动的小数位数取决于属性值绝对值的最大值。小数定标规范化的公式如下：

$$x^* = \frac{x}{10^k} \tag{4-12}$$

规范化的代码如下：

```
import pandas as pd
data=pd.read_excel(r'normalization_data.xls')
#标准差标准化
(data-data.mean())/data.std()
#最小-最大规范化
(data-data.min())/(data.max()-data.min())
#小数定标规范化
data/10**np.ceil(np.log10(data.abs().max()))
```

3. 连续属性离散化

一些数据挖掘算法，特别是某些分类算法(如 ID3 算法、Apriori 算法等)要求数据是分类属性形式。这样就常常需要将连续属性变换成分类属性，即连续属性离散化。

1) 离散化过程

连续属性的离散化就是在数据的取值范围内设定若干个离散的划分点，将取值范围划分为一些离散化的区间，最后用不同的符号或整数值代表落在每个子区间中的数据值。离散化涉及两个子任务：① 确定分类数；② 如何将连续属性值映射到这些分类值。

2) 常用的离散化方法

常用的离散化方法有等宽法、等频法和聚类。

(1) 等宽法：将属性的值域分成具有相同宽度的区间，区间个数由数据本身的特点决定，或者由用户根据实际情况决定，比如频率分布直方图。

该方法的缺点：对离群点敏感，倾向于不均匀地把属性值分布到各个区间。有些区间包含许多数据，而另外一些区间的数据很少，这样会损坏建立的决策模型。

(2) 等频法：将相同数量的记录放进每个区间。

该方法的缺点：虽然避免了使用等宽法的问题，却可能将相同的数据值分到不同的区间，以满足每个区间中固定的数据个数的要求。

(3) 基于聚类分析的方法。一维聚类的方法包括两个步骤：

① 将连续属性的值用聚类算法(如 K-Means)进行聚类。

② 将聚类得到的簇进行处理，合并为一个簇的连续属性值并做同一标记。

聚类分析的离散化方法也需要用户指定簇的个数，从而决定产生的区间数。

4.2.3　数据规约

在大数据集上进行复杂的数据分析和挖掘需要很长的时间，数据规约产生更小但保持原数据完整性的新数据集。在规约后的数据集上进行分析和挖掘将更有效率。

数据规约的意义在于：

(1) 降低无效、错误数据对建模的影响，提高建模的准确性；

(2) 少量且具代表性的数据将大幅缩减数据挖掘所需的时间；

(3) 降低储存数据的成本。

1. 属性规约

属性规约通过属性合并来创建新属性维数，或者直接通过删除不相关的属性(维)来减少数据维数，从而提高数据挖掘的效率、降低计算成本。

属性规约的目标：寻找出最小的属性子集并确保新数据子集的概率分布尽可能接近原来数据集的概率分布。

常见的属性规约方法如表 4.12 所示。

表 4.12　常见的属性规约方法

属性规约方法	方　法　描　述
合并属性	将一些旧属性合并为新属性
逐步向前选择	从一个空属性集开始，每次从原来属性集合中选择一个当前最优的属性添加到当前属性子集中，直到无法选择出最优属性或满足一定阈值约束为止
逐步向后删除	从一个全属性集开始，每次从当前属性子集中选择一个当前最差的属性并将其从当前属性子集中消去，直到无法选择出最差属性为止或满足一定阈值约束为止
决策时归纳	利用决策树的归纳方法对初始数据进行分类归纳学习，从而获得一个初始决策树，所有没有出现在这个决策树上的属性均可认为是无关属性，因此将这些属性从初始集合中删除，就可以获得一个较优的属性子集
主成分分析	用较少的变量去解释原始数据中的大部分变量，即将许多相关性很高的变量转化成彼此相互独立或不相关的变量

2. 数值规约

数值规约是指通过选择替代的、较小的数据来减少数据量，包括有参数方法和无参数方法两类。有参数方法是使用一个模型来评估数据，只存放参数，而不是存放实际数据，如回归和对数线性模型。无参数方法是需要存放实际数据的方法，如直方图、聚类、抽样(采样)。

4.2.4　Python 主要的数据预处理函数

表 4.13 给出本小节要介绍的 Python 中的插值、数据归一化、主成分分析等与数据预

处理相关的函数。本小节根据实际情况对其进行介绍。

表 4.13　Python 主要的数据预处理函数

函数名	函 数 功 能	所属扩展库
interpolate	一维、高维数据插值	Scipy
unique	去除数据中的重复元素，得到单值元素列表，它是对象的方法名	Pandas/Numpy
isnull	判断是否为空值	Pandas
notnull	判断是否为非空值	Pandas
PCA	对指标变量矩阵进行主成分分析	Scikit-Learn
random	生成随机矩阵	Numpy

1. interpolate

功能：interpolate 是 Scipy 的一个子库，包含了大量的插值函数，如拉格朗日插值、样条插值、高维插值等。使用前需要用 from scipy.interpolate import *引入相应的插值函数。

使用格式：

　　f=scipy.interpolate.lagrange (x，y)

这里仅仅展示了一维数据的拉格朗日插值命令，其中 x、y 为对应的自变量和因变量数据，插值完成后，可以通过 $f(a)$ 计算新的插值结果。

2. unique

功能：去除数据中的重复元素，得到单值元素列表。它既是 Numpy 库的一个函数 (np.unique())，也是 Series 对象的一个方法。

使用格式如下：

(1) np.unique(D)，其中 D 是一维数据，可以是 list、array、Series；

(2) D.unique()，其中 D 是 Pandas 的 Series 对象。

实例：求向量 A 中的单值元素，并返回相关索引，代码如下。

```
import pandas as pd
import numpy as np
A=pd.Series([1, 1, 2, 3, 5, 2, 5, 3])
print(A.unique ())
print(np.unique(A))
```

程序结果如图 4.19 所示。

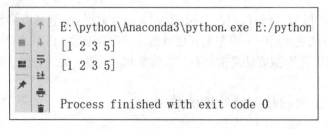

图 4.19　unique 应用程序执行结果

3．isnull/notnull

功能：判断每一个元素是否为空值/非空值。

使用格式：

　　A.isnull()/A.notnull()

这里的 A 要求是 Series 对象，返回一个布尔 Series。可以通过 A[A.isnull()]或 A[A.notnull()]找出 A 中的空值/非空值。

4．PCA

功能：对指标变量矩阵进行主成分分析。使用前需要用 from skleam.decomposition import PCA 引入该函数。

使用格式：

　　model= PCA()

注意，Scikit-Learn 下的 PCA 是一个建模式的对象。也就是说，一般的流程是建模，然后是训练 model.fit(A)，A 为要进行主成分分析的数据矩阵，训练结束后获取模型的参数，如 .components_ 获取特征向量， .explained_variance_ratio_ 获取各个属性的贡献率等。

实例代码如下：

```
# -!- coding: utf-8 -!-
import numpy as np
import pandas as pd
from sklearn.decomposition import PCA
A= np.random.rand(10, 4)
pca=PCA()
pca.fit(A)
PCA(copy=True, n_components=None, whiten=False)
print(pca.components_ )                    #返回模型的各个特征向量
print(pca.explained_variance_ratio_ )      #返回各个成分各自方差百分比
```

程序结果如图 4.20 所示。

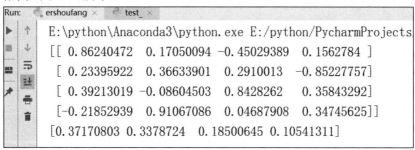

图 4.20　PCA 应用程序执行结果

5．random

功能：random 是 Numpy 的一个子库，可以用该库下的各种函数生成服从特定分布的随机矩阵，抽样时可使用。

使用格式如下：

(1) np.random.rand(k，m，n，…)生成一个 $k \times m \times n \times \cdots$ 的随机矩阵，其元素均匀分布在区间(0, 1)上。

(2) np.random.randn(k，m，n，…)生成一个 $k \times m \times n \times \cdots$ 的随机矩阵，其元素服从标准正态分布。

本 章 小 结

本章主要介绍数据探索与数据预处理相关内容。其中，数据探索主要介绍数据质量分析与数据特征分析；数据预处理主要介绍数据清洗、数据集成、数据变换和数据规约。通过缺失值、异常值的处理对数据集进行修正。通过对原始数据进行相应的处理，为后续挖掘建模提供良好的数据基础。

第 5 章　常用数据挖掘算法

本章主要介绍数据挖掘过程中常见的数据挖掘算法。通过本章的学习，读者将对常见分类与预测算法、聚类分析算法、关联规则算法有更深的了解，为后续实际数据挖掘案例的实现做好算法知识储备。本章介绍了常用数据挖掘算法相关知识点，具体内容如下：
- 分类预测概述、实现流程及分类与预测算法评价方法；
- 决策树算法、贝叶斯算法、人工神经网络算法及简单应用；
- 聚类分析算法概述及 K-Means 算法的简单应用；
- 关联规则算法概述及 Apriori 算法的简单应用。

5.1　分类与预测算法

5.1.1　分类与预测算法概述

分类与预测算法是解决分类与预测问题的方法，是数据挖掘、机器学习和模式识别中的一个重要研究领域。分类算法通过对已知类别训练集进行分析，从中发现分类规则，以此预测新数据的类别。数据挖掘中的预测算法与周易预测有异曲同工之妙。周易预测通过对历史事件的学习来积累经验，得出事物间的相似性和关联性，从而对事物的未来状况做出预测。数据挖掘预测则是通过对样本数据(历史数据)的输入值和输出值之间的关联性进行学习，得到预测模型，再利用该模型对未来的输入值进行输出值预测。分类与预测算法的应用非常广泛，如银行的风险评估、客户类别分类、文本检索和搜索引擎分类、安全领域中的入侵检测、软件项目中的应用、红酒品质的判断、搜索引擎的搜索量、股价波动，等等。

5.1.2　分类与预测算法实现过程

1. 分类

分类是构造一个分类模型，输入样本的属性值，输出对应的类别，将每个样本映射到预先定义好的类别上。

分类模型建立在已有类标记的数据集上，模型在已有样本上的准确率可以方便地计算，所以分类属于有监督的学习。分类算法要求基于数据属性值来定义类别。分类就是构造一个分类模型，把具有某些特征的数据项映射到某个给定的类别上。图 5.1 是一个三分类问题。

图 5.1　三分类问题

2. 预测

预测是指建立两种或两种以上变量间相互依赖的函数模型，然后进行预测或控制。

3. 实现过程

分类和预测的实现过程类似，以分类模型为例，其实现过程如图 5.2 所示。

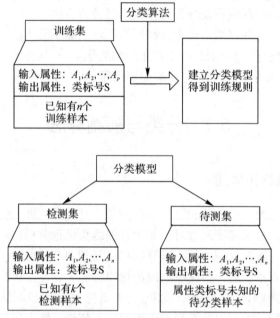

图 5.2　分类模型的实现过程

分类算法有两步过程：第一步是学习步，通过归纳分析训练样本集来建立分类模型，得到分类规则；第二步是分类步，先用已知的测试样本集评估分类规则的准确率，如果准确率是可以接受的，则使用该模型对未知类标号的待测样本集进行预测。预测模型的实现也有两步，类似于图 5.2 描述的分类模型，第一步是通过训练集建立预测属性(数值型的)的函数模型，第二步在模型通过检验后进行预测或控制。

5.1.3　决策树算法

决策树算法在分类、预测、规则提取等领域有着广泛应用。20 世纪 70 年代后期和 80 年代初期，机器学习研究者 J. RossQuinlan 提出了 ID3 算法以后，决策树在机器学习、数据挖掘领域得到极大的发展。Quinlan 后来又提出了 C4.5，成为新的监督学习算法。1984 年，几位统计学家提出了 CART 分类算法。ID3 和 CART 算法几乎同时被提出，都是采用类似的方法从训练样本中学习决策树。

决策树是一种树状结构，它的每一个叶子节点对应着一个分类，非叶子节点对应着某个属性上的划分，根据样本在该属性上的不同取值将其划分成若干个子集。对于非纯的叶节点，多数类的标号给出到达这个节点的样本所属的类。构造决策树的核心问题是如何在每一步选择适当的属性对样本做拆分。对于一个分类问题，从已知类标记的训练样本中学习并构造出决策树是一个自上而下、分而治之的过程。

常用的决策树算法见表 5.1。

表 5.1　常用的决策树算法

决策树算法	算 法 描 述
ID3 算法	其核心是在决策树的各级节点上使用信息增益方法作为属性的选择标准来帮助确定生成每个节点时所应采用的合适属性
C4.5 算法	C4.5 决策树生成算法相对于 ID3 算法的重要改进是使用信息增益率来选择节点属性。C4.5 算法可以克服 ID3 算法存在的不足：ID3 算法只适用于离散的描述属性，而 C4.5 算法既能够处理离散的描述属性，也可以处理连续的描述属性
CART 算法	CART 决策树是一种十分有效的非参数分类和回归方法，通过构建树、修剪树、评估树来构建一个二叉树。当终节点是分类变量的时候，该树为分类树

本小节以经典算法 ID3 为例来阐述决策树算法，ID3 算法的具体实现步骤如下：

(1) 计算当前样本集合所有属性的信息增益。

(2) 选择信息增益最大的属性作为测试属性，把测试属性取值相同的样本划为同一个子样本集。

(3) 若子样本集的类别属性只含有单个属性，则分支为叶子节点，判断其属性值并标上相应的符号，然后返回调用处；否则，对子样本集递归调用本算法。

下面通过一个非常简单的例子来介绍 ID3 算法：只根据头发和声音来判断一位同学的性别。

现场找出 8 名同学，列出他们的头发、声音和性别三个特征，构建本次实例的数据集，具体数据集见表 5.2。

表 5.2　ID3 算法实验数据集

头发	声音	性别
长	粗	男
短	粗	男
短	粗	男
长	细	女
短	细	女
短	粗	女
长	粗	女
长	粗	女

根据本次 ID3 算法的实现思想，有同学 A 认为先根据头发判断，若判断不出，再根据

声音判断，他给出了简单的决策树图形，具体如图 5.3 所示。同学 B 想先根据声音判断，然后再根据头发来判断，他给出的简单决策树图形如图 5.4 所示。

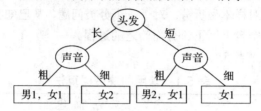

图 5.3　同学 A 的 ID3 算法简单决策树

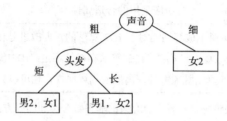

图 5.4　同学 B 的 ID3 算法简单决策树

同学 A 的决策树解读是：头发长、声音粗就是男生；头发长、声音细就是女生；头发短、声音粗是男生；头发短、声音细是女生。

同学 B 的决策树解读是：首先判断声音，声音细，就是女生；声音粗、头发短是男生；声音粗、头发长是女生。

那么问题来了：同学 A 和同学 B 谁的决策树更好？计算机做决策树的时候，面对多个特征，该如何选哪个特征为最佳的划分特征？

经过分析总结，在划分数据集的过程中需要遵循的原则是：将无序的数据变得更加有序。可以使用多种方法划分数据集，但是每种方法都有各自的优缺点。于是我们这么想，如果能测量数据的复杂度，那么对比按不同特征分类后的数据复杂度，若按某一特征分类后，其数据复杂度减少了很多，那么这个特征即为最佳分类特征。

Claude Shannon 定义了熵(entropy)和信息增益(information gain)。用熵来表示信息的复杂度，熵越大，信息越复杂。熵的计算公式如下：

$$H = -\sum_{i=1}^{n} p(x_i) \, \mathrm{lb} \, p(x_i) \tag{5-1}$$

信息增益(information gain)表示的是两个信息熵的差值。

因此，在使用 ID3 算法进行处理的过程中，首先要计算分类之前的熵，通过观察数据集发现，总共有 8 位同学，男生 3 位，女生 5 位，熵的计算结果如下：

$$熵(总) = -\frac{3}{8} \mathrm{lb} \left(\frac{3}{8}\right) - \frac{5}{8} \mathrm{lb} \left(\frac{5}{8}\right) = 0.9544$$

然后根据同学 A 和同学 B 不同的决策树，分别计算同学 A 和同学 B 分类后的信息熵。

同学 A 首先按头发分类。分类后的结果是：长头发中有 1 男 3 女；短头发中有 2 男 2 女。

$$\text{熵(同学A长发)} = -\frac{1}{4}\text{lb}\left(\frac{1}{4}\right) - \frac{3}{4}\text{lb}\left(\frac{3}{4}\right) = 0.8113$$

$$\text{熵(同学A短发)} = -\frac{2}{4}\text{lb}\left(\frac{2}{4}\right) - \frac{2}{4}\text{lb}\left(\frac{2}{4}\right) = 1$$

$$\text{熵(同学A)} = \frac{4}{8} \times 0.8113 + \frac{4}{8} \times 1 = 0.9057$$

信息增益(同学 A) = 熵(总) − 熵(同学 A) = 0.9544 − 0.9057 = 0.0487

同理，按同学 B 的方法，首先按声音特征来分类。分类后的结果是：声音粗中有 3 男 3 女；声音细中有 0 男 2 女。

$$\text{熵(同学B声音粗)} = -\frac{3}{6}\text{lb}\left(\frac{3}{6}\right) - \frac{3}{6}\text{lb}\left(\frac{3}{6}\right) = 1$$

$$\text{熵(同学B声音细)} = -\frac{2}{2}\text{lb}\left(\frac{2}{2}\right) = 0$$

$$\text{熵(同学B)} = \frac{6}{8} \times 1 + \frac{2}{8} \times 0 = 0.75$$

信息增益(同学 B) = 熵(总) − 熵(同学 B) = 0.9544 − 0.75 = 0.2044

经过对上述结果进行分析能够看出，同学 B 的方法能够获得更大的信息增益，这也说明这种方法具有更强的样本区分能力，也更具有代表性。

下面我们就用 Python 代码来实现同学 B 的 ID3 算法思想，具体代码如下。

```python
from math import log
import operator


def calcShannonEnt(dataSet):                          #计算数据的熵
    numEntries=len(dataSet)                           #数据条数
    labelCounts={}
    for featVec in dataSet:
        currentLabel=featVec[-1]                      #每行数据的最后一个字(类别)
        if currentLabel not in labelCounts.keys():
            labelCounts[currentLabel]=0
        labelCounts[currentLabel]+=1                  #统计有多少个类以及每个类的数量
    shannonEnt=0
    for key in labelCounts:
        prob=float(labelCounts[key])/numEntries       #计算单个类的熵值
        shannonEnt-=prob*log(prob, 2)                 #累加每个类的熵值
    return shannonEnt


def createDataSet1():                                 #创造示例数据
    dataSet = [['长', '粗', '男'],
               ['短', '粗', '男'],
```

```
                    ['短', '粗', '男'],
                    ['长', '细', '女'],
                    ['短', '细', '女'],
                    ['短', '粗', '女'],
                    ['长', '粗', '女'],
                    ['长', '细', '女']]
    labels = ['头发', '声音']                    #两个特征
    return dataSet, labels


def splitDataSet(dataSet, axis, value):              #按某个特征分类后的数据
    retDataSet=[]
    for featVec in dataSet:
        if featVec[axis]==value:
            reducedFeatVec =featVec[:axis]
            reducedFeatVec.extend(featVec[axis+1:])
            retDataSet.append(reducedFeatVec)
    return retDataSet


def chooseBestFeatureToSplit(dataSet):               #选择最优的分类特征
    numFeatures = len(dataSet[0])-1
    baseEntropy = calcShannonEnt(dataSet)            #原始的熵
    bestInfoGain = 0
    bestFeature = -1
    for i in range(numFeatures):
        featList = [example[i] for example in dataSet]
        uniqueVals = set(featList)
        newEntropy = 0
        for value in uniqueVals:
            subDataSet = splitDataSet(dataSet, i, value)
            prob =len(subDataSet)/float(len(dataSet))
            newEntropy +=prob*calcShannonEnt(subDataSet)   #按特征分类后的熵
        infoGain = baseEntropy - newEntropy          #原始熵与按特征分类后的熵的差值
        if (infoGain>bestInfoGain):                  #若按某特征划分后，熵值减少得最大，则
                                                     #  其特征为最优分类特征
            bestInfoGain=infoGain
            bestFeature = i
    return bestFeature

def majorityCnt(classList):    #按分类后类别数量排序，比如最后分类为 2 男 1 女，则判定为男
    classCount={}
```

```
        for vote in classList:
            if vote not in classCount.keys():
                classCount[vote]=0
            classCount[vote]+=1
        sortedClassCount = sorted(classCount.items(), key=operator.itemgetter(1), reverse=True)
        return sortedClassCount[0][0]


    def createTree(dataSet, labels):
        classList=[example[-1] for example in dataSet]        #类别：男或女
        if classList.count(classList[0])==len(classList):
            return classList[0]
        if len(dataSet[0])==1:
            return majorityCnt(classList)
        bestFeat=chooseBestFeatureToSplit(dataSet)            #选择最优特征
        bestFeatLabel=labels[bestFeat]
        myTree={bestFeatLabel:{}}                             #分类结果以字典形式保存
        del(labels[bestFeat])
        featValues=[example[bestFeat] for example in dataSet]
        uniqueVals=set(featValues)
        for value in uniqueVals:
            subLabels=labels[:]
            myTree[bestFeatLabel][value]=createTree(splitDataSet\
                            (dataSet, bestFeat, value), subLabels)
        return myTree
    if __name__=='__main__':
        dataSet, labels=createDataSet1()                      #创造示例数据
        print(createTree(dataSet, labels))                    #输出决策树模型结果
```

上述代码运行结果如图 5.5 所示。

```
E:\python\Anaconda3\python.exe E:/python/PycharmProjects/untitled/C5/ID3.py
{'声音': {'粗': {'头发': {'长': '女', '短': '男'}}, '细': '女'}}


Process finished with exit code 0
```

图 5.5　ID3 算法 Python 代码执行结果(同学 B)

执行结果解释说明：首先按声音分类，声音细为女生。然后再按头发分类，声音粗、头发短为男生；声音粗、头发长为女生。

另外，在使用 ID3 算法的过程中，判定分类结束的依据是：若按某个特征分类后出现了最终类(男或女)，则判定分类结束。使用这种方法，在数据比较大、特征比较多的情况下，很容易造成过拟合，于是需要对决策树进行剪枝，一般的剪枝方法是当按某一特征分类后的熵小于设定值时，停止分类。

5.1.4 贝叶斯分类

贝叶斯分类是一类分类算法的总称，这类算法均以贝叶斯定理为基础，故统称为贝叶斯分类。朴素贝叶斯分类是贝叶斯分类中最简单，也是常见的一种分类方法。朴素贝叶斯分类很直观，计算量也不大，在很多领域有广泛的应用。本小节以通俗易懂的方式来介绍朴素贝叶斯分类算法，以求更好地帮助读者理解并简单应用该算法。

朴素贝叶斯分类中的朴素一词的来源就是假设各特征之间相互独立。这一假设使得朴素贝叶斯算法变得简单，但有时会牺牲一定的分类准确率。朴素贝叶斯分类算法属于监督学习的生成模型，实现简单，没有迭代，并有坚实的数学理论(即贝叶斯定理)作为支撑。该算法在大量样本下会有较好的表现，不适用于与输入向量的特征条件有关联的场景。

根据贝叶斯定理，对于一个分类问题，给定样本特征 x，样本属于类别 y 的概率是

$$p(y \mid \boldsymbol{x}) = \frac{p(\boldsymbol{x} \mid y) p(y)}{p(\boldsymbol{x})} \tag{5-2}$$

在这里，$\boldsymbol{x}$ 是一个特征向量，设 $\boldsymbol{x}$ 维度为 M。因为朴素的假设，即特征条件独立，所以根据全概率公式展开，公式(5-2)可以表达为

$$p(y = c_k \mid \boldsymbol{x}) = \frac{\prod_{i=1}^{M} p(\boldsymbol{x}^i \mid y = c_k) p(y = c_k)}{\sum_{k} p(y = ck) \prod_{i=1}^{M} P(\boldsymbol{x}^i \mid y = c_k)} \tag{5-3}$$

这里，只要分别估计出特征 x^i 在每一类的条件概率就可以了。类别 y 的先验概率可以通过训练集算出，同样通过训练集上的统计，可以得出对应每一类上的条件独立的特征对应的条件概率向量。

另外，可以根据分类问题的实际操作将公式(5-2)表示为

$$p(类别 \mid 特征) = \frac{p(特征 \mid 类别) p(类别)}{p(特征)} \tag{5-4}$$

下面介绍如何从数据中训练得到朴素贝叶斯分类模型，概述分类方法并提出一个值得注意的问题。

1. 训练

训练集 TrainingSet = $\{(\boldsymbol{x}_1, y_1), (\boldsymbol{x}_2, y_2), \cdots, (\boldsymbol{x}_N, y_N)\}$ 包含 N 条训练数据，其中 $\boldsymbol{x}_i = (x_i^{(1)}, x_i^{(2)}, \cdots, x_i^{(M)})^{\mathrm{T}}$ 是 M 维向量，$y_i \in \{c_1, c_2, \cdots, c_K\}$ 属于 K 类中的一类。

(1) 首先来计算公式(5-3)中的 $p(y = c_k)$，计算公式如下：

$$p(y = c_k) = \frac{\sum_{i=1}^{N} I(y_i = c_k)}{N} \tag{5-5}$$

其中 $I(\boldsymbol{x})$ 为指示函数，若括号内成立，则计 1，否则为 0。

(2) 接下来计算分子中的条件概率，设 M 维特征的第 j 维有 l 个取值，则某维特征的

某个取值 a_{jl} 在给定某分类 c_k 下的条件概率为

$$p(\boldsymbol{x}^j = a_{jl} \mid y = c_k) = \frac{\sum_{i=1}^{N} I(\boldsymbol{x}_i^j = a_{jl}, y_i = c_k)}{\sum_{i=1}^{N} I(y_i = c_k)} \tag{5-6}$$

经过上述步骤，就得到了朴素贝叶斯模型的基本概率，也就完成了训练的任务。

2. 分类

通过学到的概率，给定未分类新实例 X，就可以通过上述概率进行计算，得到该实例属于各类的后验概率 $p(y = c_k|X)$。因为对所有的类来说，公式(5-2)中分母的值都相同，所以只计算分子部分即可，具体步骤如下：

(1) 计算该实例属于 $y = c_k$ 类的概率：

$$p(y = c_k \mid X) = p(y = c_k) \prod_{j=1}^{n} p(X^{(j)} = \boldsymbol{x}^{(j)} \mid y = c_k) \tag{5-7}$$

(2) 确定该实例所属的分类 y：

$$y = \arg\max_{c_k} p(y = c_k \mid X) \tag{5-8}$$

经过前面的训练和分类过程，可以将朴素贝叶斯模型应用到具体实例的分类过程中。

3. 拉普拉斯平滑

在进行贝叶斯分类应用时，由于数据量较大而且较为复杂，因此经常会遇见概率为 0 的值(在公式(5-5)、公式(5-6)中，样本中算出的概率值为 0)，那么概率值为 0 的问题要如何处理呢？

在具体操作的过程中可以选择使用拉普拉斯平滑来解决上述问题，将训练步骤中的两个概率计算公式(公式(5-5)、公式(5-6))的分子和分母都分别加上一个常数，就可以避免这个问题。更新过后的公式如下：

$$p(y = c_k) = \frac{\sum_{i=1}^{N} I(y_i = c_k) + \lambda}{N + K\lambda} \tag{5-9}$$

$$p(\boldsymbol{x}^j = a_{jl} \mid y = c_k) = \frac{\sum_{i=1}^{N} I(\boldsymbol{x}_i^j = a_{jl}, y_i = c_k) + \lambda}{\sum_{i=1}^{N} I(y_i = c_k) + L_j\lambda} \tag{5-10}$$

其中，K 是分类类别的个数，L_j 是第 j 维特征的最大取值。可以证明，改进以后的公式(5-9)和公式(5-10)仍然是概率。平滑因子 $\lambda = 0$ 即为公式(5-5)和公式(5-6)实现的最大似然估计，这时会出现前面提到的 0 概率问题；而 $\lambda = 1$ 则避免了 0 概率问题。

利用朴素贝叶斯算法实现一个网站的恶意留言过滤工作，并用 Python 实现，具体代码如下：

```
#coding=utf-8
```

```python
from numpy import *
#过滤网站的恶意留言。侮辱性：1；非侮辱性：0
#创建一个实验样本
def loadDataSet():
    postingList = [['my', 'dog', 'has', 'flea', 'problems', 'help', 'please'],
                   ['maybe', 'not', 'take', 'him', 'to', 'dog', 'park', 'stupid'],
                   ['my', 'dalmation', 'is', 'so', 'cute', 'I', 'love', 'him'],
                   ['stop', 'posting', 'stupid', 'worthless', 'garbage'],
                   ['mr', 'licks', 'ate', 'my', 'steak', 'how', 'to', 'stop', 'him'],
                   ['quit', 'buying', 'worthless', 'dog', 'food', 'stupid']]
    classVec = [0, 1, 0, 1, 0, 1]
return postingList, classVec
#创建一个在所有文档中出现的不重复词的列表
def createVocabList(dataSet):
    vocabSet = set([])                          #创建一个空集
for document in dataSet:
        vocabSet = vocabSet | set(document)     #创建两个集合的并集
return list(vocabSet)
#将文档词条转换成词向量
def setOfWords2Vec(vocabList, inputSet):
    returnVec = [0]*len(vocabList)              #创建一个所含元素都为 0 的向量
for word in inputSet:
if word in vocabList:
returnVec[vocabList.index(word)] += 1           #文档的词袋模型，每个单词可以出现多次
else: print ("the word: %s is not in my Vocabulary!"% word)
return returnVec
#朴素贝叶斯分类器训练函数，根据词向量计算概率
def trainNB0(trainMatrix, trainCategory):
    numTrainDocs = len(trainMatrix)
    numWords = len(trainMatrix[0])
    pAbusive = sum(trainCategory)/float(numTrainDocs)
p0Num = ones(numWords);                         #避免一个概率值为 0，从而使得最后的乘积也为 0
p1Num = ones(numWords);                         #用来统计两类数据中各词的词频
p0Denom = 2.0;                                  #用于统计 0 类中的总数
p1Denom = 2.0                                   #用于统计 1 类中的总数
for i in range(numTrainDocs):
 if trainCategory[i] == 1:
            p1Num += trainMatrix[i]
            p1Denom += sum(trainMatrix[i])
```

```
        else:
                p0Num += trainMatrix[i]
                p0Denom += sum(trainMatrix[i])
    p1Vect = log(p1Num / p1Denom)           #在类 1 中每个词出现的概率
    p0Vect = log(p0Num / p0Denom)           #避免下溢出或者浮点数舍入导致的错误，下溢出
                                              是由太多很小的数相乘得到的
return p0Vect, p1Vect, pAbusive
#朴素贝叶斯分类器
def classifyNB(vec2Classify, p0Vec, p1Vec, pClass1):
    p1 = sum(vec2Classify*p1Vec) + log(pClass1)
    p0 = sum(vec2Classify*p0Vec) + log(1.0-pClass1)
if p1 > p0:
return 1
else:
return 0
def testingNB():
    listOPosts, listClasses = loadDataSet()
    myVocabList = createVocabList(listOPosts)
    trainMat = []
for postinDoc in listOPosts:
        trainMat.append(setOfWords2Vec(myVocabList, postinDoc))
    p0V, p1V, pAb = trainNB0(array(trainMat), array(listClasses))
    testEntry = ['love', 'my', 'dalmation']
    thisDoc = array(setOfWords2Vec(myVocabList, testEntry))
    print (testEntry, 'classified as: ', classifyNB(thisDoc, p0V, p1V, pAb))
    testEntry = ['stupid', 'garbage']
    thisDoc = array(setOfWords2Vec(myVocabList, testEntry))
    print (testEntry, 'classified as: ', classifyNB(thisDoc, p0V, p1V, pAb))
#调用测试方法-----------------------------------------------------------------
testingNB()
```

5.1.5　人工神经网络

人工神经网络(Artificial Neural Networks，ANN)是模拟生物神经网络进行信息处理的一种数学模型。它以人们对大脑的生理研究成果为基础，其目的在于模拟大脑的某些机理与机制来实现一些特定的功能。最近十多年来，人工神经网络的研究工作不断深入，已经取得了很大的进展，它在模式识别、智能机器人、自动控制、预测估计、生物、医学、经济等领域已成功地解决了许多现代计算机难以解决的实际问题，表现出了良好的智能特性。

人工神经元是人工神经网络操作的基本信息处理单位。人工神经元的模型如图 5.6 所示，它是人工神经网络的设计基础。人工神经网络的学习也称为训练，指的是神经网络在受到外部环境的刺激下调整神经网络的参数，使神经网络以一种新的方式对外部环境作出反应的一个过程。在分类与预测中，人工神经网络主要使用有指导的学习方式，即根据给定的训练样本，调整人工神网络的参数，以使网络输出接近于已知的样本类标记或其他形式的因变量。

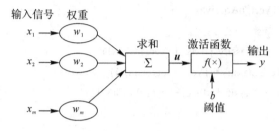

图 5.6　人工神经元模型

人们在人工神经网络的发展过程中，提出了多种不同的学习规则，没有一种特定的学习算法适用于所有的网络结构和具体问题。在分类与预测过程中，δ 学习规则(误差校正学习算法)是使用最广泛的一种。误差校正学习算法根据神经网络的输出误差对神经元的连接强度进行修正，属于有指导学习。

反向传播(Back Propagation, BP)算法的特征是利用输出后的误差来估计输出层的直接前导层的误差，再用这个误差估计更前一层的误差，如此一层一层地反向传播下去，就获得了所有其他各层的误差估计。这样就形成了将输出层表现出的误差沿着与输入传送相反的方向逐级向网络的输入层传递的过程。这里以典型的三层 BP 网络为例，描述标准的 BP 算法。图 5.7 所示的是一个有 3 个输入节点、4 个隐层节点、1 个输出节点的三层 BP 神经网络结构。

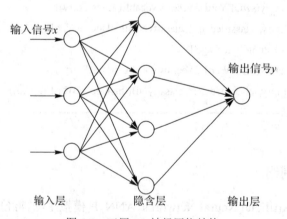

图 5.7　三层 BP 神经网络结构

BP 算法的学习过程由信号的正向传播与误差的逆向传播两个过程组成。正向传播时，输入信号经过隐层的处理后，传向输出层。若输出层节点未能得到期望的输出，则转入误差的逆向传播阶段，将输出误差按某种子形式，均通过隐层向输入层返回，并"分摊"给隐层 4 个节点与输入层 x_1、x_2、x_3 三个输入节点，从而获得各层单元的参考误差或称误差信号，作为修改各单元权值的依据。这种信号正向传播与误差逆向传播的各层权矩阵的修改过程是周而复始进行的。权值不断修改的过程，也就是网络的学习(或称训练)过程。此过程一直进行到网络输出的误差逐渐减少到可接受的程度或达到设定的学习次数为止，学习过程的流程图如图 5.8 所示。

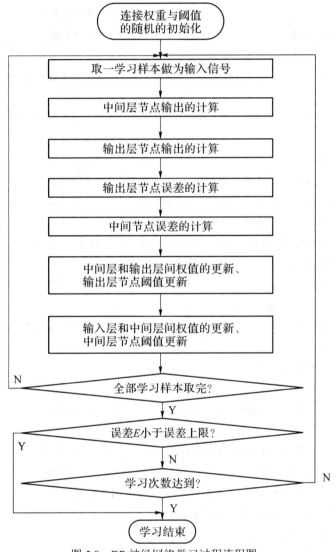

图 5.8　BP 神经网络学习过程流程图

　　算法开始后，给定学习次数上限，初始化学习次数为 0，对权值和阈值赋予小的随机数，其取值范围一般在[-1, 1)。输入样本数据，网络正向传播，得到中间层与输出层的值。比较输出层的值与期望信号值的误差，用误差函数 E 来判断误差是否小于误差上限，如不小于误差上限，则对中间层和输出层权值和阈值进行更新，更新的算法为 δ 学习规则。更新权值和阈值后，再次将样本数据作为输入，得到中间层与输出层的值，计算误差 E 是否小于上限，学习次数是否达到指定值，如果达到，则学习结束。

　　下面举个例子，进行神经网络算法建模，建立的神经网络有 3 个输入节点、10 个隐藏节点和 1 个输出节点，代码如下：

```python
from sklearn.datasets import load_digits          #数据集
from sklearn.preprocessing import LabelBinarizer  #标签二值化
from sklearn.model_selection import train_test_split
import numpy as np
import pylab as pl                                #数据可视化
digits = load_digits()                            #载入数据
print
digits.data.shape                                 #打印数据集大小(1797L, 64L)
pl.gray()                                         #灰度化图片
pl.matshow(digits.images[0])                      #显示第 1 张图片，上面的数字是 0
pl.show()
# coding=utf-8
from sklearn.datasets import load_digits          #数据集
from sklearn.preprocessing import LabelBinarizer  #标签二值化
from sklearn.model_selection import train_test_split
#from sklearn.cross_validation import train_test_split   #数据集分割
import pylab as pl                                #数据可视化
def sigmoid(x):                                   #激活函数
    return 1 / (1 + np.exp(-x))
def dsigmoid(x):                                  #sigmoid 的倒数
    return x * (1 - x)
class NeuralNetwork:
    def __init__(self, layers):
#这里是三层网络，列表[64, 100, 10]表示输入、隐藏、输出层的单元个数
        #初始化权值，范围 -1～1
        self.V = np.random.random((layers[0] + 1, layers[1])) * 2 - 1
        #隐藏层权值(65, 100)，之所以是 65，是因为有偏置 W0
        self.W = np.random.random((layers[1], layers[2])) * 2 - 1          # (100, 10)
    def train(self, X, y, lr=0.1, epochs=10000):
        #lr 为学习率，epochs 为迭代的次数
        #为数据集添加偏置
        temp = np.ones([X.shape[0], X.shape[1] + 1])
        temp[:, 0:-1] = X
        X = temp        #这里最后一列为偏置
        #进行权值训练更新
        for n in range(epochs + 1):
            i = np.random.randint(X.shape[0])
            #随机选取一行数据(一个样本)进行更新
            x = X[i]
```

```
        x = np.atleast_2d(x)                                    #转为二维数据
        L1 = sigmoid(np.dot(x, self.V))                         #隐层输出(1, 100)
        L2 = sigmoid(np.dot(L1, self.W))                        #输出层输出(1, 10)
        #delta
        L2_delta = (y[i] - L2) * dsigmoid(L2)    # (1, 10)
        L1_delta = L2_delta.dot(self.W.T) * dsigmoid(L1)
        #(1, 100)，这里是数组的乘法，对应元素相乘
        #计算改变后的权重
        self.W += lr * L1.T.dot(L2_delta)
        self.V += lr * x.T.dot(L1_delta)
        #每训练 1000 次预测准确率
        if n % 1000 == 0:
            predictions = []
            for j in range(X_test.shape[0]):
                out = self.predict(X_test[j])                   #用验证集去测试
                predictions.append(np.argmax(out                #返回预测结果
                accuracy = np.mean(np.equal(predictions, y_test))   #求平均值
                print('epoch:', n, 'accuracy:', accuracy)
    def predict(self, x):
        #添加转置，这里是一维的
        temp = np.ones(x.shape[0] + 1)
        temp[0:-1] = x
        x = temp
        x = np.atleast_2d(x)
        L1 = sigmoid(np.dot(x, self.V))                         #隐层输出
        L2 = sigmoid(np.dot(L1, self.W))                        #输出层输出
        return L2
digits = load_digits()                                          #载入数据
X = digits.data                                                 #数据
y = digits.target                                               #标签
#数据归一化，一般是 X=(X-X.min)/ X.max-X.min
X -= X.min()
X /= X.max()
#创建神经网络
nm = NeuralNetwork([64, 100, 10])


X_train, X_test, y_train, y_test = train_test_split(X, y)       #默认分割：3:1
#标签二值化
labels_train = LabelBinarizer().fit_transform(y_train)
```

```
labels_test = LabelBinarizer().fit_transform(y_test)
print('start')
nm.train(X_train, labels_train, epochs=20000)
print('end')
```

5.1.6 分类与预测算法评价

利用分类与预测算法对训练集进行预测而得出的准确率并不能很好地反映预测模型未来的性能。为了有效判断一个预测模型的性能表现，需要一组没有参与预测模型建立的数据集(这组独立的数据集称为测试集)，并在该数据集上评价预测模型的准确率。预测模型的效果评价通常用绝对误差与相对误差、平均绝对误差、均方误差、均方根误差等指标来衡量。

1. 绝对误差与相对误差

假设 Y 表示实际值，Y' 表示预测值，E 表示绝对误差，e 表示相对误差，则绝对误差的计算公式为

$$E = Y - Y' \tag{5-11}$$

相对误差的计算公式为

$$e = \frac{Y - Y'}{Y} \tag{5-12}$$

2. 平均绝对误差

平均绝对误差的计算公式为

$$\text{MAE} = \frac{1}{n}\sum_{i=1}^{n}|E_i| = \frac{1}{n}\sum_{i=1}^{n}|Y_i - Y_i'| \tag{5-13}$$

其中，MAE 表示平均绝对误差，E_i 表示第 i 个实际值与预测值的绝对误差，Y_i 表示第 i 个实际值，Y' 表示第 i 个预测值。

为了避免正负误差相抵消，平均绝对误差取误差的绝对值进行综合并取其平均数，这是误差分析的综合指标之一。

3. 均方误差

均方误差的计算公式为

$$\text{MSE} = \frac{1}{n}\sum_{i=1}^{n}E_i^2 = \frac{1}{n}\sum_{i=1}^{n}(Y_i - Y_i')^2 \tag{5-14}$$

其中，MSE 表示均方误差。均方误差是预测误差平方之和的平均数，它避免了正负误差不能相加的问题。

由于均方误差对误差 E 进行了平方，加强了数值大的误差在指标中的作用，因此提高了这个指标的灵敏性。均方误差是误差分析的综合指标之一。

4. 均方根误差

均方根误差是均方误差的平方根正值，记为 RMSE，它代表了预测值的离散程度，也叫标准误差。最佳拟合情况为 RMSE = 0。均方根误差也是误差分析的综合指标之一。

5. Kappa 统计

Kappa 统计用于比较两个或多个观测者对同一事物的观测结果是否一致，或用于比较观测者对同一事物的两次或多次观测结果是否一致，是以由机遇造成的一致性和实际观测的一致性之间的差别大小作为评价基础的统计指标。Kappa 统计量和加权 Kappa 统计量不但可以用于无序和有序分类变量资料的一致性、重现性检验，而且能给出一个反映一致性大小的"量"值。

Kappa 取值范围为[–1，+1]，不同的取值有不同的意义。

Kappa = +1：说明两次判断的结果完全一致。

Kappa = –1：说明两次判断的结果完全不一致。

Kappa = 0：说明两次判断的结果是由机遇造成的。

Kappa < 0：说明一致程度比由机遇造成的还差，两次检查结果很不一致，在实际应用中无意义。

Kappa > 0：说明有意义，Kappa 越大，说明一致性越好。

Kappa≥0.75：说明已经取得了相当满意的一致程度。

Kappa < 0.4：说明一致程度不够。

6. 识别准确率

识别准确率 Accuracy 的定义如下：

$$Accuracy = \frac{TP + TN}{TP + TN + FP + FN} \tag{5-15}$$

其中：TN 是正确的肯定表示正确的分类数；FP 是正确的否定表示正确否定的分类数；FN 是错误的肯定表示错误肯定的分类数；TP 是错误的否定表示错误否定的分类数。

7. 识别精确率

识别精确率(Precision)是指预测正例里预测正确的正例个数所占的比例，即

$$Precision = \frac{TP}{TP + FP} \tag{5-16}$$

8. 召回率

召回率(Recall)是指实际正例里预测正确的正例个数所占的比例，即

$$Recall = \frac{TP}{TP + FN} \tag{5-17}$$

识别精确率和召回率是此消彼长的，即精确率高了，召回率就下降。在不同的应用场景下，我们的关注点不同。例如，在预测股票的时候，我们更关心精确率，即我们预测会上涨的那些股票里，真的上涨了的股票有多少，因为通常情况下我们会选择购买那些预测会上涨的股票。而在预测病患的场景下，我们更关注召回率，即真的患病的那些人里我们预测错了的情况应该越少越好，因为真的患病如果没有检测出来，结果其实是很严重的。

9. ROC 曲线

受试者工作特性(Receiver Operating Characteristic，ROC)曲线是一种非常有效的模型评价方法，可为选定临界值给出定量提示。将灵敏度(Sensitivity)设在纵轴，1-特异性(1-Specificity)设在横轴，就可得出 ROC 曲线图。该曲线下的积分面积(Area)大小与每种方法的优劣密切相关，反映了分类器正确分类的统计概率，其值越接近 1，说明该算法效果越好。

10. 混淆矩阵

混淆矩阵(Confusion Matrix)是模式识别领域中一种常用的表达形式。它描绘样本数据的真实属性与识别结果类型之间的关系，是评价分类器性能的一种常用方法。混淆矩阵如图 5.9 所示。

真实情况	预测结果	
	正例	反例
正例	TP	FN
反例	FP	TN

图 5.9　混淆矩阵

5.2　聚类分析算法

5.2.1　聚类分析算法概述

与分类与预测算法不同，聚类分析算法是在没有给定划分类别的情况下，根据数据相似度进行样本分组的一种方法。与分类与预测算法需要使用由类标记样本构成的训练数据不同，聚类模型可以建立在无类标记的数据上，是一种非监督的学习算法。聚类的输入是一组未被标记的样本，聚类根据数据自身的距离或相似度将其划分为若干组，划分的原则是组内距离最小化而组间距离最大化，如图 5.10 所示。

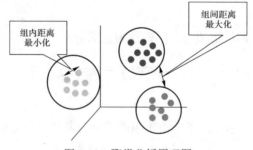

图 5.10　聚类分析原理图

5.2.2　K-Means 算法

1. K-Means 算法概述

K-Means 算法也被称为 K-均值或 K-平均算法，是一种广泛使用的聚类分析算法。K-Means 算法是基于相似性的无监督的算法，它通过比较样本之间的相似性，将较为相似的样本划分到同一类别中。由于 K-Means 算法简单、易于实现,因此得到了广泛应用。

K-Means 算法是聚类分析算法中最基础但也最重要的算法。其算法流程如下:

(1) 从 N 个样本数据中随机选取 K 个对象作为初始的聚类中心。

(2) 分别计算每个样本到各个聚类中心的距离,将对象分配到距离最近的聚类中。

(3) 所有对象分配完成后,重新计算 K 个聚类的中心。

(4) 与前一次计算得到的 K 个聚类中心比较,如果聚类中心发生变化,则转(2),否则转(5)。

(5) 当聚类中心不发生变化时,停止并输出聚类结果。

聚类的结果可能依赖于初始聚类中心的随机选择,这种选择可能使得结果严重偏离全局最优分类。实践中,为了得到较好的结果,通常选择不同的初始聚类中心,多次运行 K-Means 算法。在所有对象分配完成后,重新计算 K 个聚类的中心时,对于连续数据,聚类中心取该簇的均值。

2. 相似性度量

对于连续属性,要先对各属性值进行零-均值规范,再进行距离的计算。在 K-Means 算法中,一般需要度量样本之间的距离、样本与簇之间的距离以及簇与簇之间的距离。

度量样本之间的距离最常用的是欧氏距离、曼哈顿距离和闵可夫斯基距离;度量样本与簇之间的距离可以用样本到簇中心的距离 $d(e_j, x)$;度量簇与簇之间的距离可以用簇中心的距离 $d(e_i, e_j)$。

用 p 个属性来表示 n 个样本的数据矩阵如下:

$$\begin{bmatrix} x_{11} & \cdots & x_{1p} \\ \vdots & & \vdots \\ x_{n1} & \cdots & x_{np} \end{bmatrix}$$

欧氏距离计算公式如下:

$$d(i, j) = \sqrt{(x_{i1} - x_{j1})^2 + (x_{i2} - x_{j2})^2 + \cdots + (x_{ip} - x_{jp})^2} \tag{5-18}$$

曼哈顿距离计算公式如下:

$$d(i, j) = |x_{i1} - x_{j1}| + |x_{i2} - x_{j2}| + \cdots + |x_{ip} - x_{jp}| \tag{5-19}$$

闵可夫斯基距离计算公式如下:

$$d(i, j) = \sqrt[q]{(|x_{i1} - y_{j1}|)^q + (|x_{i2} - y_{j2}|)^q + \cdots + (|x_{ip} - x_{jp}|)^q} \tag{5-20}$$

对于闵可夫斯基距离来说,当 $q = 1$ 时就是曼哈顿距离,当 $q = 2$ 时就是欧氏距离。

3. 目标函数

对于聚类分析算法来说,通常采用误差平方和(The Sum of Squares due to Error, SSE)作为衡量聚类质量的目标函数。对于不同的聚类结果来说,误差平方和较小的聚类效果更好。

$$\text{SSE} = \sum_{i=1}^{K} \sum_{x \in E_i} d(e_i, x)^2 \tag{5-21}$$

其中，簇 E_i 的聚类中心 e_i 的计算公式为

$$e_i = \frac{1}{n_i} \sum_{x \in E_i} x \tag{5-22}$$

4. K-Means 算法的 Python 实现

下面的代码是 K-Means 算法的 Python 实现

```python
from numpy import *
import time
import matplotlib.pyplot as plt
#计算欧氏距离
def euclDistance(vector1, vector2):
return sqrt(sum(power(vector2 - vector1, 2)))          #求这两个矩阵的距离
    #在样本集中随机选取 k 个样本点作为初始质心
def initCentroids(dataSet, k):
    numSamples, dim = dataSet.shape                      #矩阵的行数、列数
centroids = zeros((k, dim))
for i in range(k):
        index = int(random.uniform(0, numSamples))      #将随机产生的数转化为 int 型
centroids[i, :] = dataSet[index, :]
return centroids
# K-均值聚类
#dataSet 为一个矩阵
#K 为将 dataSet 矩阵中的样本分成的类别数
def kmeans(dataSet, k):
    numSamples = dataSet.shape[0]                        #读取矩阵 dataSet 的第一维度的长度
clusterAssment = mat(zeros((numSamples, 2)))            #得到一个 N×2 的零矩阵
clusterChanged = True
##第一步：初始化聚类中心
centroids = initCentroids(dataSet, k)                   #在样本集中随机选取 k 个样本点作为初始质心
while clusterChanged:
        clusterChanged = False
##对于每个样本
for i in range(numSamples):   #range
        minDist = 100000.0
        minIndex = 0
##对于每个聚类中心
##第二步：找到最接近的质心
#计算每个样本点与质心之间的距离，将其归类到距离最小的那一簇
```

```
    for j in range(k):
        distance = euclDistance(centroids[j, :], dataSet[i, :])
    if distance < minDist:
        minDist = distance
        minIndex = j
## 第三步：更新簇
#k 个簇里面与第 i 个样本距离最小的标号和距离保存在 clusterAssment 中
#若所有的样本不再变化，则退出 while 循环
    if clusterAssment[i, 0] != minIndex:
        clusterChanged = True
    clusterAssment[i, :] = minIndex, minDist**2            #两个**表示平方
##第四步：更新聚类中心
    for j in range(k):
    pointsInCluster = dataSet[nonzero(clusterAssment[:, 0].A == j)[0]]
    centroids[j, :] = mean(pointsInCluster, axis = 0)          #平均值
    print ('Congratulations, cluster complete!')
    return centroids, clusterAssment
#显示仅适用于二维数据的簇
#centroids 为 k 个类别，其中保存着每个类别的质心
#clusterAssment 为样本的标记，第一列为此样本的类别，第二列为到此类别质心的距离
def showCluster(dataSet, k, centroids, clusterAssment):
    numSamples, dim = dataSet.shape
    if dim != 2:
        print ("Sorry! I can not draw because the dimension of your data is not 2!")
    return 1
    mark = ['or', 'ob', 'og', 'ok', '^r', '+r', 'sr', 'dr', '<r', 'pr']
    if k > len(mark):
        print ("Sorry! Your k is too large! ")
    return 1
#绘制所有样本
    for i in range(numSamples):
        markIndex = int(clusterAssment[i, 0])                    #为样本指定颜色
    plt.plot(dataSet[i, 0], dataSet[i, 1], mark[markIndex])
    mark = ['Dr', 'Db', 'Dg', 'Dk', '^b', '+b', 'sb', 'db', '<b', 'pb']
#绘制聚类中心
    for i in range(k):
        plt.plot(centroids[i, 0], centroids[i, 1], mark[i], markersize = 12)
    plt.show()
```

5. K-Means 算法的简单应用

下面的代码是 K-Means 算法的简单应用。

```
from numpy import *

import time

import matplotlib.pyplot as plt

import KMeans

#第一步：加载数据

print ("step 1: load data...")

dataSet = []     #列表，用来表示列表中的每个元素也是一个二维的列表；这个二维列表就是一
                 个样本，样本中包含属性值和类别号

#与所熟悉的矩阵类似，最终将获得 N × 2 的矩阵，每行元素构成了训练样本的属性值和类别号

fileIn = open("testSet.txt")              #是正斜杠

for line in fileIn.readlines():

    temp=[]

    lineArr = line.strip().split('\t')        #line.strip()把末尾的'\n'去掉

temp.append(float(lineArr[0]))

    temp.append(float(lineArr[1]))

    dataSet.append(temp)

#dataSet.append([float(lineArr[0]), float(lineArr[1])])

fileIn.close()

#第二步：聚类

print ("step 2: clustering...")

dataSet = mat(dataSet)   #mat()函数是 Numpy 中的库函数，将数组转化为矩阵

k = 2

centroids, clusterAssment = KMeans.kmeans(dataSet, k)   #调用 KMeans 文件中定义的 kmeans 方法

#第三步：显示结果

print ("step 3: show the result...")

KMeans.showCluster(dataSet, k, centroids, clusterAssment)
```

执行 K-Means 算法的聚类结果如图 5.11 所示。

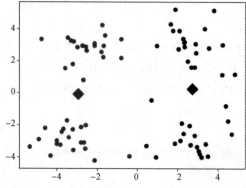

图 5.11 K = 2 时执行 K-Means 算法的聚类结果

5.2.3　聚类分析算法评价

聚类分析仅根据样本数据本身将样本分组。其目标是实现组内的对象相互之间是相似的(相关的)，而不同组中的对象是不同的(不相关的)。组内的相似性越大，组间差别越大，聚类效果就越好。

1. purity 评价法

purity 方法是一种极为简单的聚类评价方法，只需计算正确聚类数占总数的比例。计算公式如下：

$$\text{purity}(X, Y) = \frac{1}{n} \sum_k \max |x_k \cap y_i| \tag{5-23}$$

其中，$x = (x_1, x_2, \cdots, x_k)$是聚类的集合，$x_k$是第 k 个聚类的集合。$y = (y_1, y_2, \cdots, y_l)$表示需要被聚类的集合，$y_i$表示第 i 个聚类对象。n 表示被聚类集合对象的总数。

2. RI 评价法

实际上，RI 评价法是一种用排列组合原理来对聚类进行评价的手段。RI 评价公式如下：

$$\text{RI} = \frac{R + W}{R + M + D + W} \tag{5-24}$$

其中，R 是指被聚在一类的两个对象被正确分类了，W 是指不应该被聚在一类的两个对象被正确分开了，M 指不应该放在一类的对象被错误地放在了一类，D 指不应该分开的对象被错误地分开了。

5.3　关联规则算法

5.3.1　关联规则算法概述

关联规则算法是一种基于规则的机器学习算法，该算法可以在海量数据中发现感兴趣的关系。它的目的是利用一些度量指标来分辨海量数据中存在的强规则。也就是说关联规则挖掘用于知识发现，而非预测，所以它属于无监督的机器学习方法。

"尿布与啤酒"是一个典型的关联规则挖掘的例子。沃尔玛为了能够准确了解顾客在其门店的购买习惯，对其顾客的购物行为进行购物篮分析，从中知道顾客经常一起购买的商品有哪些。沃尔玛利用所有用户的历史购物信息来进行挖掘分析，一个意外的发现是：跟尿布一起购买最多的商品竟是啤酒。

关联规则挖掘算法不仅被应用于购物篮分析，还被广泛地应用于网页浏览偏好挖掘、入侵检测、连续生产、生物信息学等领域。

常用的数据关联规则算法包括 Apriori、FP-Tree 等，其中 Apriori 算法是最常用也是最经典的挖掘频繁项集的算法。其核心思想是通过连接产生候选项及其支持度，然后通过剪枝生成频繁项集。针对 Apriori 算法固有的多次扫描事务数据集的缺陷，提出了不产生候选频繁项集的 FP-Tree 方法。

5.3.2　Apriori 算法

以 BlackFriday 购物节销售数据为例，挖掘关联规则最大的困难在于当存在很多商品时，可能的商品组合(规则的前项与后项)的数目会达到一种令人望而却步的程度。因此，各种关联规则分析的算法从不同方面入手，以减小可能的搜索空间的大小以及减少扫描数据的次数。Apriori 算法是最经典的挖掘频繁项集的算法，第一次实现了在大数据集上提取可行的关联规则，其核心思想是通过连接产生候选项与其支持度，然后通过剪枝生成频繁项集。

1. 关联规则和频繁项集

1) 关联规则的一般形式

项集 A、B 同时发生的概率称为关联规则的支持度：Support(A, B) = 包含 A 和 B 的事务数/事务总数。

项集 A 发生，则项集 B 也同时发生的概率为关联规则的置信度：Confidence(A, B) = 包含 A 和 B 的事务数/包含 A 的事务数。

2) 最小支持度和最小置信度

最小支持度是用户定义的衡量支持度的一个阈值，表示项目集在统计意义上的最低重要性；最小置信度是用户定义的衡量置信度的一个阈值，表示关联规则的最低可靠性。同时满足最小支持度阈值和最小置信度阈值的规则称作强规则。

3) 项集

项集是项的集合。包含 k 个项的项集称为 k 项集，如集合｛牛奶，面包，鸡蛋｝是 3 项集。项集的出现频率是所有包含项集的事务计数，又称作支持度计数。如果项集 I 的相对支持度满足预定义的最小支持度阈值，则 I 是频繁项集。频繁 k 项集通常记作 k。

4) 支持度计数

项集 A 的支持度计数是事务数据集中包含项集 A 的事务个数，简称为项集的频率或计数。已知项集的支持度计数，则规则 A⇒B 的支持度和置信度很容易从所有事务计数、项集 A 和项集 A∩B 的支持度计数推导出。

$$\text{Support}(A \Rightarrow B) = \frac{\text{Support\_count}(A \cap B)}{\text{Total\_count}(A)} \tag{5-25}$$

$$\text{Confidence}(A \Rightarrow B) = P(A \mid B) = \frac{\text{Support}(A \cap B)}{\text{Support}(A)} = \frac{\text{Support\_count}(A \cap B)}{\text{Support\_count}(A)} \tag{5-26}$$

换句话说，只要能够计算出所有事务的个数，那么项集 A、项集 B 和 A∩B 的支持度计数就很容易得到，就可以根据公式计算出关联规则 A⇒B 和 A⇒B 是否满足最小支持度和最小置信度的条件，并判断该规则是否为强关联规则。

2. 产生频繁项集

1) Apriori 算法的思想

Apriori 算法的主要思想是找出存在于事务数据集中的最大的频繁项集，再利用得到的最大频繁项集与预先设定的最小置信度阈值生成强关联规则。

2) Apriori 算法的性质

(1) 频繁项集的所有非空子集也必须是频繁项集。

(2) 根据该性质可以得出：向不是频繁项集 I 的项集中添加事务 A，新的项集一定也不是频繁项集。

3) 实现 Apriori 算法的两个步骤

步骤 1：找出所有的频繁项集。

在这个过程中连接步和剪枝步互相融合，最终得到最大频繁项集。其中，连接步的目的是找出 k 项集，剪枝步紧接着连接步，在产生候选项 C_k 的过程中起到减小搜索空间的目的。

下面分别详细介绍连接步和剪枝步，具体过程如下：

(1) 连接步。

① 对给定的最小支持度阈值，分别对 1 项候选集 C_1，剔除小于该阈值的项集得到 1 项频繁集 L_1；

产生 1 项候选集 C_1 的代码如下：

```
def create_C1(data_set):
C1 = set()
for t in data_set:
for item in t:
        item_set = frozenset([item])
        C1.add(item_set)
return C1
```

② 由 L_1 自身连接产生 2 项候选集 C_2，保留 C_2 中满足约束条件的项集得到 2 项频繁集，记为 L_2；

在具体操作的过程中需要判断 k 项集是否满足 Apriori 算法，具体代码如下：

```
def is_apriori(Ck_item, Lksub1):
for item in Ck_item:
        sub_Ck = Ck_item - frozenset([item])
if sub_Ck not in Lksub1:
return False
    return True
```

③ 由 L_1 与 L_2 连接产生 3 项候选集 C_3，保留 C_3 中满足约束条件的项集得到 3 项频繁集，记为 L_3。

产生 k 项候选集 C_k 的代码如下：

```
def create_Ck(Lksub1, k):
Ck = set()
    len_Lksub1 = len(Lksub1)
    list_Lksub1 = list(Lksub1)
for i in range(len_Lksub1):
```

```
for j in range(1, len_Lksub1):
    l1 = list(list_Lksub1[i])
    l2 = list(list_Lksub1[j])
    l1.sort()
    l2.sort()
    if l1[0:k-2] == l2[0:k-2]:
            Ck_item = list_Lksub1[i] | list_Lksub1[j]
    if is_apriori(Ck_item, Lksub1):
            Ck.add(Ck_item)
return Ck
```

反复循环，直到得到最大频繁项集 L_k 为止，从 C_k 得到 L_k 的代码如下：

```
def generate_Lk_by_Ck(data_set, Ck, min_support, support_data):
    Lk = set()
    item_count = {}
for t in data_set:
for item in Ck:
if item.issubset(t):
if item not in item_count:
    item_count[item] = 1
else:
    item_count[item] += 1
    t_num = float(len(data_set))
for item in item_count:
if (item_count[item]/t_num) >= min_support:
    Lk.add(item)
    support_data[item] = item_count[item]/t_num
return Lk
```

(2) 剪枝步。

剪枝步紧接着连接步，在产生候选项 C_k 的过程中起到减小搜索空间的目的。

由于 C_k 是 L_{k-1} 与 L_k 连接产生的，根据 Apriori 的性质频繁项集的所有非空子集也必须是频繁项集，因此不满足该性质的项集将不会存在于 C_k，该过程就是剪枝。

经过上述步骤之后，可以得到当前数据集的全部频繁项集(包含从 1 项集到 k 项集)，代码如下：

```
def generate_L(data_set, k, min_support):
support_data = {}
    C1 = create_C1(data_set)
    L1 = generate_Lk_by_Ck(data_set, C1, min_support, support_data)
    Lksub1 = L1.copy()
    L = []
```

```
            L.append(Lksub1)
    for i in range(2, k+1):
        Ci = create_Ck(Lksub1, i)
        Li = generate_Lk_by_Ck(data_set, Ci, min_support, support_data)
        Lksub1 = Li.copy()
        L.append(Lksub1)
    return L, support_data
```

步骤 2：由频繁项集产生强关联规则。

经过步骤 1 之后，那些未超过预定的最小支持度阈值的项集已被剔除，如果剩下这些规则又满足了预定的最小置信度阈值，那么就挖掘出了强关联规则。

```
    def generate_big_rules(L, support_data, min_conf):
    big_rule_list = []
        sub_set_list = []
    for i in range(0, len(L)):
    for freq_set in L[i]:
    for sub_set in sub_set_list:
    if sub_set.issubset(freq_set):
        conf=support_data[freq_set]/support_data[freq_set - sub_set]
        big_rule = (freq_set - sub_set, sub_set, conf)
    if conf >= min_conf and big_rule not in big_rule_list:
    big_rule_list.append(big_rule)
        sub_set_list.append(freq_set)
    return big_rule_list
```

以 BlackFriday 数据中的 9 行数据为例，来演示 Apriori 算法的案例应用。

```
    def load_data_set():
        #将 BlackFriday 的数据集中的 9 行数据进行简化，放置到 data_set 中
    data_set = [['l1', 'l2', 'l5'], ['l2', 'l4'], ['l2', 'l3'],
                ['l1', 'l2', 'l4'], ['l1', 'l3'], ['l2', 'l3'],
                ['l1', 'l3'], ['l1', 'l2', 'l3', 'l5'], ['l1', 'l2', 'l3']]
    return data_set
```

为了能够正常调用上述 Apriori 算法的各个函数，需要构造相应的主函数，具体代码如下：

```
    if __name__ == "__main__":
    data_set = load_data_set()
        L, support_data = generate_L(data_set, k=3, min_support=0.2)
        big_rules_list = generate_big_rules(L, support_data, min_conf=0.7)
    for Lk in L:
        print ("="*50)
        print ("frequent "+ str(len(list(Lk)[0])) + "-itemsets\t\tsupport")
```

```
    print ("="*50)
for freq_set in Lk:
    print (freq_set, support_data[freq_set])
    print ("Big Rules")
for item in big_rules_list:
    print (item[0], "=>", item[1], "conf: ", item[2])
```

本 章 小 结

　　本章以决策树、贝叶斯、人工神经网络算法为例介绍了分类与预测算法，并给出分类与预测算法评价指标；然后以 K-Means 算法为例介绍了聚类分析算法，并介绍了聚类算法评价方法；最后以 Apriori 算法为例介绍了关联规则算法，为后续数据挖掘案例打好基础。为了方便读者学习，本章中每个算法都给出了 Python 算法实现和简单应用案例。

第二部分　实　践　篇

第6章　决策树预测 NBA 获胜球队

6.1　加 载 数 据 集

如果你看过 NBA 球赛，那么可能知道比赛中两支球队比分咬得很紧，难分胜负，有时最后一分钟才能定输赢，因此预测赢家很难。很多体育赛事都有类似的特点，预期的大赢家也许会被另一支名不见经传的队伍给打败。

以往很多对体育赛事预测的研究表明，预测准确率因不同的体育赛事而异，其上限为 70%～80%。体育赛事预测多采用数据挖掘或统计学方法。

6.1.1　使用网络爬虫采集数据

我们将使用 NBA2015—2016 赛季的比赛数据。http://Basketball-Reference.com 网站提供了 NBA 及其他赛事的大量资料和统计数据。可以通过第 3 章介绍的网络爬虫知识从指定网站中爬取比赛数据。通过爬虫采集数据可以分为两个过程。

(1) 第一个过程是根据 NBA 比赛情况及网站 URL 变化情况获取带有比赛数据的页面，并在此基础上爬取整个赛季中每个月份的比赛数据，最后将其汇总输出，具体代码如下：

```
# -*- coding: utf-8 -*-
from urllib.request import urlopen
from bs4 import BeautifulSoup
import pandas as pd
import numpy as np
BASE_URL = 'https://www.basketball-reference.com/leagues/NBA_2016_games-{month}.html'
all_month = np.array(['october', 'november', 'december', 'january', 'february', 'march',
                      'april', 'may', 'june'])
def get_content():
    list = []
for i in range(len(all_month)):
    url = BASE_URL.format(month=all_month[i])
    print(url)
    html = urlopen(url).read()
    bsObj = BeautifulSoup(html, 'lxml')
    rows = [dd for dd in bsObj.select('tbody tr')]
    #selectk()可以多重刷选
```

```
    for row in rows:
        cell = [i.text for i in row.find_all('td')]
        #对于每一个 tr 标签内也可以进行 td 标签筛选
    list.append(cell)
    return list        #返回二维列表
```

　　将爬取到的数据保存为 CSV 格式，CSV 为简单的文本格式文件，文件中的每行为一条用逗号分隔的数据(文件格式的名字就是这么来的)。在记事本里输入内容，保存时使用.csv 扩展名，也能生成 CSV 文件。只要有能阅读文本文件的编辑器，就能打开 CSV 文件，也可以用 Excel 把它作为电子表格打开。

```
    #存储为 CSV 格式
    def save():
        file = open('E:/python/PycharmProjects/untitled/C6/matches.csv', 'w')list = get_content()
        df_data = pd.DataFrame(columns=[1, 2, 3, 4, 5, 6, 7, 8, 9] , data=list)
        df_data.to_csv(file)
        print('done')
    if __name__ == "__main__":
        print(save())
```

　　(2) 第二个过程是获取 standing，这是为了在预测比赛结果的过程中加入历史比赛数据，以求后续获得更好的预测效果，具体代码如下:

```
    # -*- coding: utf-8 -*-
    from urllib.request import urlopen
    from bs4 import BeautifulSoup
    import pandas as pd
    import re
    pattern = re.compile('<tbody>[\s\S]*?</tbody>')        #模仿 html 注释的正则
    url = 'https://www.basketball-reference.com/leagues/NBA_2015_standings.html'
    html = urlopen(url).read()
    bsObj = BeautifulSoup(html, 'lxml')
    content = bsObj.find(id='all_expanded_standings').prettify()
    match = re.search(pattern, content)
    str_tbody = match.group()
    html_tbody = BeautifulSoup(str_tbody, 'lxml')        #将 str 字符串传入，以获得 html 对象
    list = []
    for tr in html_tbody.find_all('tr'):
        rows = [td.text for td in tr.find_all('td')]
        list.append(rows)
    #转成 CSV 格式
    file = 'E:/python/PycharmProjects/untitled/C6/new_standing.csv'        #自行修改
    df_data = pd.DataFrame(data=list)
    df_data.to_csv(file)
```

由于网站自身的原因使得爬取数据过程相对缓慢，因此在具体爬虫的过程中可以自行选择感兴趣的网站修改爬虫代码完成爬虫任务。爬取到的数据保存为 CSV 格式，包含了2015—2016 赛季 NBA 常规赛事的 1320 场比赛。

6.1.2　用 Pandas 加载数据集

我们用 Pandas (Python Data Analysis 的简写，意为 Python 数据分析)库加载这些数据，Pandas 在数据处理方面特别有用。Python 内置了读写 CSV 文件的 csv 库。但是，考虑到后面创建新特征时还要用到 Pandas 更强大的一些函数，所以我们直接用 Pandas 加载数据文件。Pandas 库是用来加载、管理和处理数据的。它在后台处理数据结构，支持计算均值等分析方法。

在做数据挖掘实验的过程中，有时需要翻来覆去地编写文件读取、特征抽取等函数。而这些函数每重新实现一次，都可能引入新错误。使用 Pandas 等封装了很多功能的库，能有效减少反复实现上述函数所带来的工作量，并能保证代码的正确性。本书后续会介绍更多的数据挖掘案例，我们将大量使用 Pandas。

用 read_csv 函数就能加载数据集，代码如下：

```
import pandas as pd
file_name = r'basketball.csv'
data = pd.read_csv(file_name)
```

上述代码会加载数据集，将其保存到数据框(DataFrame)中。数据框提供了一些非常好用的方法，后面会用到。我们来看看数据集是否有问题。输入以下代码，输出数据集的前 6 行：

```
print(data.loc[:5])
```

输出结果如图 6.1 所示。

	Date Start (ET)		Visitor/Neutral	...	Unnamed: 7	Attend.	Notes
0	Tue Oct 27 2015	8:00 pm	Detroit Pistons	...	NaN	19187	NaN
1	Tue Oct 27 2015	8:00 pm	Cleveland Cavaliers	...	NaN	21957	NaN
2	Tue Oct 27 2015	10:30 pm	New Orleans Pelicans	...	NaN	19596	NaN
3	Wed Oct 28 2015	7:30 pm	Philadelphia 76ers	...	NaN	18624	NaN
4	Wed Oct 28 2015	7:30 pm	Chicago Bulls	...	NaN	17732	NaN
5	Wed Oct 28 2015	7:30 pm	Utah Jazz	...	NaN	18434	NaN

图 6.1　数据集前 6 行输出结果

从输出结果来看，这个数据集是可以使用的，但存在几个小问题。下面通过数据清洗来修复这些问题。

6.1.3　NBA 球赛数据清洗

从上面的输出结果中，我们发现了以下几个问题：

(1) 日期是字符串格式，而不是日期对象。

(2) 第一行没有数据。

(3) 从视觉上检查结果，发现表头不完整或者不正确。

这些问题来自数据本身，在具体的操作过程中有些同学会直接修改数据表，不过这样做工作量非常大，并且不可复原，如果落下步骤或是弄错某一步，就会造成没法还原之前数据表的结果，因此采用 Pandas 对原始数据进行预处理。

pandas.read_csv 函数提供了可用来修复数据的参数，导入文件时指定这几个参数就好。

导入后，还可以修改文件的头部，代码如下：

```
data = pd.read_csv(file_name, parse_dates= ['Date'])       #skiprows 忽略的行数
data.columns = ['Date', 'StartTime', 'Visitor Team', 'VisitorPts', 'Home Team', 'HomePts',
                'Score Type', 'OT?', 'Attend.', 'Notes']
```

经过这些处理之后，结果会有很大改善，我们再重新输出前 6 行，代码如下：

```
print(data.loc[:5])
```

结果如图 6.2 所示。

```
          Date StartTime        Visitor Team  ...  OT? Attend.  Notes
0   2015-10-27   8:00 pm     Detroit Pistons  ...  NaN   19187    NaN
1   2015-10-27   8:00 pm  Cleveland Cavaliers ...  NaN   21957    NaN
2   2015-10-27  10:30 pm  New Orleans Pelicans...  NaN   19596    NaN
3   2015-10-28   7:30 pm   Philadelphia 76ers  ...  NaN   18624    NaN
4   2015-10-28   7:30 pm        Chicago Bulls  ...  NaN   17732    NaN
5   2015-10-28   7:30 pm           Utah Jazz  ...  NaN   18434    NaN
```

图 6.2　改善后的数据集前 6 行输出结果

即使原始数据很规整，也有很大可能需要进行调整。其中一个原因是，文件可能来自不同的系统，由于存在兼容性问题，因此文件也许会发生变化。

既然数据已经准备好，就在开始编写预测算法之前，先确定一个准确率作为基准。任何算法都应该能达到该基准。每场比赛有两个队：主场队和客场队。最直接的方法就是拿随机概率作为基准，猜中的概率为 50%，即猜测任意一支球队获胜，都有一半胜算。

6.1.4　提取新特征

接下来通过组合和比较现有数据来提取新特征。首先，确定类别值。在测试阶段，拿算法得到的分类结果与前面确定的类别值对比，就能知道结果是否正确。类别可以有多种表示方法，这里用"1"表示主场队获胜，用"0"表示客场队获胜。对于篮球比赛而言，得分最多的队伍获胜。虽然数据集没有明确给出各球队的胜负情况，但是稍加计算就能得到比赛的胜负情况。

找出主场获胜的球队，代码如下：

```
data['HomeWin'] = data['VisitorPts'] < data['HomePts']
```

把主场获胜球队的数据保存到 Numpy 数组里，稍后要用 Scikit-Learn 分类器对其进行处理。当前 Pandas 和 Scikit-Learn 并没有进行整合，但是借助 NumPy 数组，它们配合得很好。

用 Pandas 提取特征后再用 Scikit-Learn 提取特征具体的值，代码如下：

```
y_true = data['HomeWin'].values
```

上面的 y_true 数组保存的是类别数据，Scikit-Learn 可直接读取该数组。

还可以创建一些特征用于数据挖掘。有时候，只要把原始数据丢给分类器就行了，但

通常需要先提取数值型或类别型特征。

首先,创建两个能帮助我们进行预测的特征,分别是这两支队伍上一场比赛的胜负情况。赢得上一场比赛,大致可以说明该球队水平较高。遍历访问每一行数据,记录获胜球队。当到达一行新数据时,分别查看该行数据中的两支球队在各自的上一场比赛中有没有获胜。

创建(默认)字典,存储球队上次比赛的结果,代码如下:

```
from collections import defaultdict

won_last = defaultdict(int)

data['HomeLastWin'] = None

data['VisitorLastWin'] = None #以备后续循环使用
```

字典的键为球队,值为是否赢得上一场比赛。遍历所有行,在此过程中,更新每一行,为其增加两个特征值——两支球队在上一场比赛中有没有获胜,代码如下:

```
for index, row in data.iterrows():
    home_team = row['Home Team']
    visitor_team = row['Visitor Team']    #循环获得球队名称
row['HomeLastWin'] = won_last[home_team]
    row['VisitorLastWin'] = won_last[visitor_team]
        data.loc[index] = row    #更新行数
```

注意:上述代码假定数据集是按照时间顺序排列的。我们所使用的数据集是按这种顺序排列的,如果你抓取或选择的数据集不是这种类型,那么就需要把代码中的 data.iterrows() 替换为 data.sort("Date").iterrows()。

用当前比赛(遍历到的那一行数据所表示的比赛)的结果更新两支球队上一场比赛的获胜情况,以便下次再遍历到这两支球队时使用。代码如下:

```
won_last[home_team] = row['HomeWin']    #判断上一场是否获胜

won_last[visitor_team] = not row['HomeWin']
```

上述代码运行结束后,多了两个新特征:HomeLastWin 和 VisitorLastWin。再来看一下数据集。这次只看前 5 条意义不大。只有一个球队参加过两场比赛后,我们才能知道它在上一场比赛表现如何。以下代码将输出本赛季第 20~25 场比赛:

```
print(data.loc[20:25])
```

输出结果如图 6.3 所示。

```
     Date StartTime ...  HomeLastWin  VisitorLastWin
20 2015-10-30   8:00 pm ...       True          False
21 2015-10-30   7:30 pm ...       True          True
22 2015-10-30   7:00 pm ...       True          True
23 2015-10-30   9:00 pm ...       True          True
24 2015-10-30   7:30 pm ...       True          True
25 2015-10-30   9:30 pm ...      False          True
```

图 6.3　本赛季第 20~25 场比赛结果

更换上述代码中的索引值，查看其他部分数据。别忘了，一共有 1000 多场比赛呢！

每个队(包括上个赛季的冠军) 在数据集中第一次出现时，都假定它们在上一场比赛中失败。其实可以用上一年的数据弥补缺失的信息，从而改进这个特征，但这里就先做简单处理了。

6.2　决策树应用

决策树是一种有监督的机器学习算法，它看起来就像是由一系列节点组成的流程图，其中位于上层节点的值决定下一步走向哪个节点。

跟大多数分类算法一样，决策树也分为两大步骤。

首先是训练阶段，用训练数据构造一棵树。在前面介绍分类与预测算法的过程中，已经对训练阶段具体步骤进行了详细介绍，相反，决策树和大多数机器学习方法类似，都是在训练阶段完成模型构建的。

其次是预测阶段，用训练好的决策树预测新数据的类别。以图 6.4 为例，["is raining", " windy"]的预测结果为"Bad"(坏天气)。

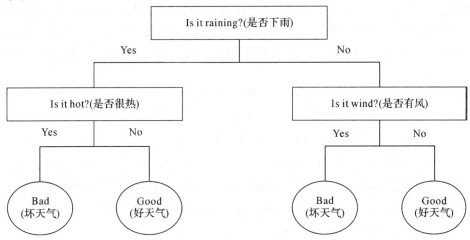

图 6.4　决策树简单案例

创建决策树的算法有多种，大多数通过迭代生成一棵树。它们从根节点开始，选取最佳特征，用于第一个决策，到达下一个节点，选择下一个最佳特征，以此类推。当发现无法从增加树的层级中获得更多信息时，算法启动退出机制。

Scikit-Learn 库实现了分类回归树(Classification and Regression Trees，CART)算法，并将其作为生成决策树的默认算法，它支持连续型特征和类别型特征。

6.2.1　决策树中的参数

退出准则是决策树的一个重要特性。构建决策树时，最后几步决策仅依赖于少数个体，随意性大。使用特定节点作出推测容易导致过拟合训练数据，而使用退出准则可以防止决策精度过高。

除了设定退出准则外，也可以先创建一棵完整的树，再对其进行修剪，去掉对整个过程没有提供太多信息的节点。这个过程叫作剪枝(pruning)。

Scikit-Learn 库中实现的决策树算法给出了退出方法，使用下面这两个选项就可以达到目的：

(1) min_samples_split：指定创建一个新节点至少需要的个体数量。

(2) min_samples_leaf：指定为了保留节点，每个节点至少应该包含的个体数量。

第一个参数控制着决策节点的创建，第二个参数决定着决策节点能否被保留。

决策树的另一个参数是创建决策的标准，常用的有以下两个：

(1) 基尼不纯度(Gini Impurity)：用于衡量决策节点错误预测新个体类别的比例。

(2) 信息增益(Information Gain)：用信息论中的熵来表示决策节点提供多少新信息。

6.2.2　使用决策树

从 Scikit-Learn 库中导入 DecisionTreeClassifier 类，用它来创建决策树，代码如下：

```
from sklearn.tree import DecisionTreeClassifier
clf = DecisionTreeClassifier(random_state=14)
```

说明：再次设定 random_state 的值为 14。本书中凡是用到 random_state 的地方，都用该值。使用相同的随机种子(Random Seed)能够保证几次实验结果相同。然而，在以后自己的实验中，为保证算法的性能不与特定的随机状态值相关，在前后几次实验中，需使用不同的随机状态。

现在从 Pandas 数据框中抽取数据，以便用 Scikit-Learn 分类器处理。指定需要的列，使用数据框的 values 属性，就能获取到每支球队上一场比赛的结果，代码如下：

```
X_previousWins = data[['HomeLastWin', 'VisitorLastWin']].values
```

对于决策树算法来说，它与其他分类算法一样，都可以看成是一种估计器，因此它同样有 fit 和 predict 方法。我们仍然可以用 cross_val_score 方法来求得交叉检验的平均正确率：

```
scores = cross_val_score(clf, X_previousWins, y_true, scoring='accuracy')
mean_score = np.mean(scores) * 100
print('the accuracy is %0.2f' % mean_score + '%')
```

求出的准确率为 59.42%，比随机预测更准确！我们应该可以做得更好。从数据集中构建有效特征(Feature Engineering，特征工程)是数据挖掘的难点所在，好的特征直接关系到结果的准确率——甚至比选择合适的算法更重要！

6.3　NBA 比赛结果预测

尝试使用不同的特征，应该能做得更好。cross_val_score 方法可用来测试模型的正确率。有了它，就可以尝试其他特征的分类效果。

好多潜在特征都可以拿来用。就这个挖掘任务而言，具体如何选择特征呢？我们可以尝试问自己以下两个问题：

(1) 一般而言，什么样的球队水平更高？

(2) 两支球队上一次相遇时，谁是赢家？

我们还将加入新球队的数据，以检测算法是否能得到一个用来判断不同球队比赛情况的模型。

对于上面的问题(1)，我们创建一个叫作"主场队通常是否比对手水平高"的特征，并使用 2015 赛季的战绩作为特征取值来源。如果一支球队在 2015 赛季排名在对手前面，那么就认为它的水平更高，本章在数据爬取的过程中已经获取到了 2015 赛季战绩数据，此处直接使用即可。代码如下：

```
standings_filename= r'standings.csv'

standings = pd.read_csv(standings_filename)

print(data.loc[:4])
```

输出如图 6.5 所示。

	Rk	Team	Overall	Home	Road	...	Dec	Jan	Feb	Mar	Apr
0	1	Golden State Warriors	67-15	39-2	28-13	...	11-3	12-3	8-3	16-2	6-2
1	2	Atlanta Hawks	60-22	35-6	25-16	...	14-2	17-0	7-4	9-7	4-3
2	3	Houston Rockets	56-26	30-11	26-15	...	9-5	11-6	7-3	10-6	6-2
3	4	Los Angeles Clippers	56-26	30-11	26-15	...	11-6	11-4	5-6	11-5	7-0
4	5	Memphis Grizzlies	55-27	31-10	24-17	...	8-6	12-4	7-4	9-8	4-3

图 6.5　2015 赛季战绩数据

接下来，创建一个新特征，创建过程与上一个特征类似。遍历每一行，查找主场队和客场队两支球队的战绩。代码如下：

```
data['HomeTeamRanksHigher'] = 0

for index, row in data.iterrows():

    home_team = row['Home Team']

    visitor_team = row['Visitor Team']
```

现在就能得到两支球队的排名，比较它们的排名，更新特征值，代码如下：

```
# 比较排名，更新特征值

home_rank = standings[standings['Team'] == home_team]['Rk'].values[0]

visitor_rank = standings[standings['Team'] == visitor_team]['Rk'].values[0]

row['HomeTeamRanksHigher'] = int(home_rank > visitor_rank)

data.loc[index] = row
```

接下来，用 cross_val_score 函数测试结果。首先，从数据集中抽取所需要的部分，代码如下：

```
X_homehigher = data[['HomeLastWin', 'VisitorLastWin', 'HomeTeamRanksHigher']].values
```

然后，创建 DecisionTreeClassifier 分类器，进行交叉检验，求得准确率，代码如下：

```
clf1 = DecisionTreeClassifier(random_state=14)

scores = cross_val_score(clf1, X_homehigher, y_true, scoring='accuracy')

mean_score1 = np.mean(scores) *100

print('the new accuracy is %.2f'%mean_score1 + '%')
```

现在的准确率是 60.87%——比我们之前的结果要好。还能再提高吗？

接下来，我们来统计两支球队上一场比赛的情况，作为另一个特征。虽然球队排名有助于预测(排名靠前的胜算更大)，但有时排名靠后的球队反而能战胜排名靠前的球队。其原因有很多，例如排名靠后的球队的某些打法恰好能击中强者的软肋。该特征的创建方法与前一个特征类似，首先创建字典，保存上一场比赛的获胜队伍，在数据框中建立新特征。代码如下：

```
last_match_winner = defaultdict(int)
data['HomeTeamWonLast'] = 0
```

然后遍历每条数据，取到每场赛事的两支参赛队伍，代码如下：

```
for index, row in data.iterrows():
home_team = row['Home Team']
visitor_team = row['Visitor Team']
```

不用考虑哪支球队是主场作战，我们想看一下这两支球队在上一场比赛中到底谁是赢家。因此，按照英文字母表顺序对球队名字进行排序，以确保两支球队无论主客场作战，都使用相同的键。代码如下：

```
teams = tuple(sorted([home_team, visitor_team]))
```

通过查找字典，找到两支球队上次比赛的赢家。然后，更新数据框中的这条数据。

```
row['HomeTeamWonLast'] = 1 if last_match_winner[teams] ==
row['Home Team'] else 0
    data.loc[index] = row
```

最后，更新 last_match_winner 字典，值为两支球队在当前场次比赛中的胜出者，两支球队再相逢时可将其作为参考。代码如下：

```
winner = row['Home Team'] if row['HomeWin'] else row['Visitor Team']
last_match_winner[teams] = winner
```

下面用新抽取的两个特征创建数据集。观察不同特征组合的分类效果。代码如下：

```
X_lastwinner = data[['HomeTeamWonLast', 'HomeTeamRanksHigher']]
clf2 = DecisionTreeClassifier(random_state=14)
scores = cross_val_score(clf2, X_lastwinner, y_true, scoring='accuracy')
mean_score2 = np.mean(scores) *100
print('the accuracy is %.2f'%mean_score2 + '%')
```

准确率为 63.30%。

最后再来看一下，决策树在训练数据量很大的情况下，能否得到有效的分类模型。我们将会为决策树添加球队，以检测它是否能整合新增的信息。

虽然决策树能够处理特征值为类别型的数据，但 Scikit-Learn 库所实现的决策树算法要求先对特征值为类别的这类特征进行处理。用 LabelEncoder 转换器就能把字符串类型的球队名转化为整型。代码如下：

```
from sklearn.preprocessing import LabelEncoder
encoding = LabelEncoder()
```

将主场球队名称转化为整型：

```
encoding.fit(data['Home Team'].values)    #将主场球队名称转化为整型
```

接下来，抽取所有比赛的主客场球队的球队名(已转化为数值型)并将其组合(在 Numpy 中叫作"stacking"，是向量组合的意思)起来，形成一个矩阵。代码如下：

```
home_teams = encoding.transform(data['Home Team'].values)

visitor_teams = encoding.transform(data['Visitor Team'].values)

X_teams = np.vstack([home_teams, visitor_teams]).T
```

决策树可以用这些特征值进行训练，但 DecisionTreeClassifier 仍把它们当作连续型特征。例如，编号从 0 到 16 的 17 支球队，算法会认为球队 1 和球队 2 相似，而球队 4 和球队 10 不同。但其实这没意义，对于两支球队而言，它们要么是同一支球队，要么不同，没有中间状态。

为了消除这种和实际情况不一致的现象，可以使用 OneHotEncoder 转换器把这些整数转换为二进制数字。每个特征用一个二进制数字 1 来表示。例如，LabelEncoder 为芝加哥公牛队分配的数值是 7，那么 OneHotEncoder 为它分配的二进制数字的第七位就是 1，其余队伍的第七位就是 0。

如果每个可能的特征值都这样处理，那么数据集会变得很大。代码如下：

```
from sklearn.preprocessing import OneHotEncoder

onehot = OneHotEncoder()
```

在相同的数据集上进行预处理和训练操作，将结果保存起来备用。代码如下：

```
X_teams_expanded = onehot.fit_transform(X_teams).todense()
```

接着，像之前那样在新数据集上调用决策树分类器。代码如下：

```
clf3 = DecisionTreeClassifier(random_state=14)

onehot = OneHotEncoder()

scores = cross_val_score(clf3, X_teams_expanded, y_true, scoring='accuracy')

mean_score3 = np.mean(scores) *100

print('the accuracy is %.2f'%mean_score3+'%')
```

准确率为 62.77%，比基准值要高，但是没有之前的效果好。其原因可能在于特征数增加后，决策树处理不当。鉴于此，可以尝试修改算法，看看会不会起作用。数据挖掘有时就是不断尝试新算法、使用新特征这样一个过程。

6.4　随机森林

一棵决策树可以学到很复杂的规则。然而，很可能会导致过拟合问题——学到的规则只适用于训练集。解决方法之一就是调整决策树算法，限制它所学到的规则的数量。例如，把决策树的深度限制为三层，只让它学习从全局角度拆分数据集的最佳规则，不让它学习适用面很窄的特定规则，这些规则会将数据集进一步拆分为更加细致的群组。使用这种折中方案得到的决策树泛化能力强，但整体表现稍弱。

为了弥补上述方法的不足，可以创建多棵决策树，用它们分别进行预测，再根据少数服从多数的原则从多个预测结果中选择最终预测结果。这正是随机森林的工作原理。

但上述过程有两个问题。第一个问题是创建的多棵决策树在很大程度上是相同的——每次使用相同的输入,将得到相同的输出。我们只有一个训练集,如果尝试创建多棵决策树,那么它们的输入就可能相同(因此输出也相同)。解决方法是每次随机从数据集中选取一部分数据用作训练集。这个过程叫作装袋(bagging)。第二个问题是用于前几个决策节点的特征非常突出。即使随机选取部分数据用作训练集,创建的决策树相似性仍旧很大。解决方法是随机选取部分特征作为决策依据。

使用随机从数据集中选取的数据和(几乎是)随机选取的特征创建多棵决策树。这就是随机森林,虽然看上去不是那么直观,但这种算法在很多数据集上效果很好。

6.4.1 决策树的集成效果

随机森林算法内在的随机性让人感觉算法的好坏全靠运气。然而通过对多棵几乎是随机创建的决策树的预测结果取均值,就能降低预测结果的不一致性。用方差来表示这种不一致性。

方差是由训练集的变化引起的。决策树这类方差大的算法极易受到训练集变化的影响,从而产生过拟合问题。

说明:对比来说,偏误(bias)是由算法中的假设引起的,而与数据集没有关系。比如,算法错误地假定所有特征呈正态分布,就会导致较高的误差。通过分析分类器的数据模型和实际数据集的匹配情况,就能降低偏误问题的负面影响。

对随机森林中大量决策树的预测结果取均值,能有效降低方差,这样得到的预测模型的总体准确率更高。

一般而言,决策树集成作出了如下假设:预测过程的误差具有随机性,且因分类器而异。因此,使用由多个模型得到的预测结果的均值,能够消除随机误差的影响——只保留正确的预测结果。本书中会介绍更多用集成方法消除误差的例子。

6.4.2 随机森林算法的参数

Scikit-Learn 库中的 RandomForestClassifier 就是对随机森林算法的实现,它提供了一系列参数。因为它使用了 DecisionTreeClassifier 的大量实例,所以它们的很多参数是一致的,比如决策标准(基尼不纯度/信息增益)、max_features 和 min_samples_split。

当然,集成过程还引入了一些新参数,主要如下:

(1) n_estimators:用来指定创建决策树的数量。该值越高,所花时间越长,准确率(可能)也越高。

(2) oob_score:如果设置为真,则测试时将不使用训练模型时用过的数据。

(3) n_jobs:采用并行计算方法训练决策树时所用到的内核数量。

Scikit-Learn 库提供了用于并行计算的 Joblib 库。n_jobs 指定所用的内核数。默认使用1个内核,如果 CPU 是多核的,则可以多用几个,或者将其设置为1,开动全部马力。

6.4.3 使用随机森林算法

Scikit-Learn 库实现的随机森林算法使用估计器接口,用交叉检验方法调用它即可,代码与之前大同小异。

```
from sklearn.ensemble import RandomForestClassifier
rf = RandomForestClassifier(random_state = 14, n_jobs =-1)
rf_scores = cross_val_score(rf, X_teams, y_true, scoring='accuracy')
mean_rf_score = np.mean(rf_scores) *100
print('the randforestclassifier accuracy is %.2f'%mean_rf_score+'%')
```

只是更换了分类器，准确率就达到了 61.47%。

随机森林使用不同的特征子集进行学习，应该比普通的决策树更为高效。下面来看一下多用几个特征效果如何。

```
X_all = np.hstack([X_homehigher, X_teams])
rf_clf2 = RandomForestClassifier(random_state = 14, n_jobs=-1)
rf_scores2 = cross_val_score(rf_clf2, X_all, y_true, scoring='accuracy')
mean_rf_score2 = np.mean(rf_scores2) *100
print('the accuracy is %.2f'%mean_rf_score2+'%')
```

准确率为 59.35%——准确率反而降低了，说明选择的参数可能不是最优组合，可以使用 GridSearchCV 类搜索最佳参数，代码如下：

```
from sklearn.model_selection import GridSearchCV
param_grid = {
'max_features': [2, 3, 'auto'],
'n_estimators': [100, 110, 120],
'criterion': ['gini', 'entropy'],
"min_samples_leaf": [2, 4, 6]
}
clf = RandomForestClassifier(random_state=14, n_jobs=-1)
grid = GridSearchCV(clf, param_grid)
grid.fit(X_all, y_true)
score = grid.best_score_ * 100
print('the accuracy is %.2f' % score + '%')
```

这次准确率提升较大，达到了 63.53%！

输出用网格搜索找到的最佳模型，查看都使用了哪些参数。代码如下：

```
print(grid.best_params_)
```

下面的代码将给出准确率最高的模型所用到的参数。

```
RandomForestClassifier(bootstrap=True, compute_importances=None,
criterion='entropy', max_depth=None, max_features=2,
max_leaf_nodes=None, min_density=None, min_samples_leaf=6,
min_samples_split=2, n_estimators=100, n_jobs=1,
oob_score=False, random_state=14, verbose=0)
```

6.4.4　创建新特征

从上述几个例子中可以看到改变特征对算法的表现有很大影响。经过小规模测试发现，仅仅是因为选用不同的特征，准确率竟然提升了将近 5%，因此在后续完善随机森林算法的过程中可以尝试创建一些新的特征来提升预测准确率。

用 Pandas 提供的函数创建特征。代码如下：

```
dataset["New Feature"] = feature_creator()
```

feature_creator 函数返回数据集中每条数据的各个特征值，常用数据集作为参数。代码如下：

```
dataset["New Feature"] = feature_creator(dataset)
```

最直接的做法是一开始为新特征设置默认的值，比如 0，代码如下：

```
dataset["My New Feature"] = 0
```

接下来，遍历数据集，计算所需特征。本章多次用下面这种形式创建新特征：

```
for index, row in dataset.iterrows():
    home_team = row["Home Team"]
    visitor_team = row["Visitor Team"]
    # Some calculation here to alter row
    dataset.loc[index] = row
```

注意：上面这种遍历方法效率不高。如果要使用，则需要一次性处理所有特征。常用的"最佳做法"就是每条数据最好只处理一次。

可以创建下述特征并观察效果：球队上次打比赛距今有多长时间？短期内连续作战，容易导致球员疲劳。两支球队过去五场比赛结果如何？这两个数据要比 **HomeLastWin** 和 **VisitorLastWin** 更能反映球队的真实水平(抽取特征方法类似)。球队是不是跟某支特定球队打比赛时发挥得更好？例如，球队跟与支特定球队打比赛，即使是客场作战也能发挥得很好。

更极致的做法是，可借助球员数据来分析每个队的实力以预测输赢。

本 章 小 结

本章介绍了 Scikit-Learn 库的另一个分类器 DecisionTreeClassifier，并介绍了如何用 Pandas 处理数据。本章分析了真实的 NBA 赛事的比赛结果数据，创建新特征用于分类，并在这个过程中发现即使是规整、干净的数据也可能存在一些小问题。我们发现好的特征对提升正确率很有帮助，还使用了一种集成算法——随机森林，以进一步提升准确率。

第7章　航空公司客户价值分析

7.1　背景与挖掘目标

随着大数据时代的到来，以客户为中心的营销模式正在替代以产品为中心的传统营销模式，客户关系管理的重要性得以凸显。对于客户管理来说，它最为核心的问题是客户分类，根据客户对企业的价值不同，将客户分为不同类别，然后针对不同类别客户的实际需求制定个性化的服务，并采取具有针对性的营销策略，这样公司的营销模式更有针对性，可以实现企业利润最大化目标。准确的客户分类结果是企业优化营销、资源分配的重要依据，客户分类已成为客户关系管理中亟待解决的关键问题之一。

面对激烈的市场竞争，各个航空公司都推出了更优惠的营销方式来吸引更多的客户。国内某航空公司面临着旅客流失、竞争力下降、航空资源未充分利用等经营危机。通过建立合理的客户价值评估模型，对客户进行分群，分析比较不同客户群的客户价值，并制定相应的营销策略，对不同的客户群提供个性化的客户服务是必需和有效的。目前该航空公司已积累了大量的客户基本信息和客户乘机信息，经加工后得到如表 7.1 所示的航空信息属性表。

表 7.1　航空信息属性表

	属 性 名 称	属 性 说 明
客户基本信息	MEMBER_NO	会员卡号
	FFP_DATE	入会时间
	FIRST_FLIGHT_DATE	第一次飞行时间
	GENDER	性别
	FFP_TIER	会员卡级别
	WORK_CITY	工作地城市
	WORK_PROVINCE	工作地所在省份
	AGE	年龄
客户乘机信息	FLIGHT_COUNT	观测窗口的飞行次数
	LOAD_TIME	观测窗口的结束时间
	LAST_TO_END	最后一次乘机时间至观测窗口结束时长
	AVG_DISCOUNT	平均折扣率
	SUM_YR	观测窗口的票价收入

续表

	属 性 名 称	属 性 说 明
客户乘机信息	SEG_KM_SUM	观测窗口的总飞行里程
	LAST_FLIGHT_DATE	末次飞行日期
	AVG_INTERVAL	平均乘机时间间隔
	MAX_INTERVAL	最大乘机间隔
	EXCHANGE_COUNT	积分兑换次数
	EP_SUM	促销积分
	PROMOPTIVE_SUM	合作伙伴积分
	POINTS_SUM	总累计积分
	POINT_NOTFLIGHT	非乘机的积分变动次数
	BP_SUM	总基本积分

根据这些数据(见表 7.2)实现以下目标：

(1) 借助航空公司客户数据，对客户进行分类。

(2) 对不同类别的客户进行特征分析，比较不同类别客户的客户价值。

(3) 对不同价值的客户提供个性化服务，制定相应的营销策略。

表 7.2　航空信息数据表

MEMBER_NO	FFP_DATE	FIRST_FLIGHT_DATE	GENDER	FFP_TIER	WORK_CITY	WORK_PROV	WORK_COUN	AGE	LOAD_TIME	FLIGHT_COUNT
54993	2006/11/2	2008/12/24	男	6	.	北京	CN	31	2014/3/31	210
28065	2007/2/19	2007/8/3	男	6		北京	CN	42	2014/3/31	140
55106	2007/2/1	2007/8/30	男	6	.	北京	CN	40	2014/3/31	135
21189	2008/8/22	2008/8/23	男	5	Los Angele	CA	US	64	2014/3/31	23
39546	2009/4/10	2009/4/15	男	6	贵阳	贵州	CN	48	2014/3/31	152
56972	2008/2/10	2009/9/29	男	6	广州	广东	CN	64	2014/3/31	92
44924	2006/3/22	2006/3/29	男	6	乌鲁木齐市	新疆	CN	46	2014/3/31	101
22631	2010/4/9	2010/4/9	女	6	温州市	浙江	CN	50	2014/3/31	73
32197	2011/6/7	2011/7/1	男	5	DRANCY		FR	50	2014/3/31	56
31645	2010/7/5	2010/7/5	女	6	温州	浙江	CN	43	2014/3/31	64
58877	2010/11/18	2010/11/20	女	6	PARIS	PARIS	FR	34	2014/3/31	43
37994	2004/11/13	2004/12/2	男	6	北京	.	CN	47	2014/3/31	145
28012	2006/11/23	2007/11/18	男	5	SAN MARINO	CA	US	58	2014/3/31	29
54943	2006/10/25	2007/10/27	男	6	深圳	广东	CN	47	2014/3/31	118
57881	2010/2/1	2010/2/1	女	6	广州	广东	CN	45	2014/3/31	50
1254	2008/3/28	2008/4/5	男	4	BOWLAND HI	CALIFORNIA	US	63	2014/3/31	22
8253	2010/7/15	2010/8/20	男	6	乌鲁木齐	新疆	CN	48	2014/3/31	101
58899	2010/11/10	2011/2/23	女	6	PARIS		FR	50	2014/3/31	40
26955	2006/4/6	2007/2/22	男	6	乌鲁木齐市	新疆	CN	54	2014/3/31	64
41616	2011/8/29	2011/10/22	男	6	东莞	广东	CN	41	2014/3/31	38

7.2　案例建模流程

本案例的目标是客户价值识别，即通过航空公司客户数据识别不同客户的价值。识别客户价值应用最广泛的模型是通过三个指标即最近消费时间间隔(Recency)、消费频率

(Frequency)和消费金额(Monetary)来进行客户细分,识别出高价值的客户,该模型简称 RFM 模型。

在 RFM 模型中,消费金额表示在一段时间内,客户购买该企业产品金额的总和。由于航空票价受到运输距离、舱位等级等多种因素影响,同样消费金额的不同旅客对航空公司的价值是不同的,例如,一位购买长航线、低等级舱位票的旅客与一位购买短航线、高等级舱位票的旅客相比,后者对于航空公司而言价值可能更高,因此这个指标并不适用于航空公司的客户价值分析。我们选择客户在一定时间内累积的飞行里程 M 和客户在一定时间内乘坐舱位所对应的折扣系数的平均值 C 两个指标代替消费金额。此外,考虑航空公司会员入会时间的长短在一定程度上能够影响客户价值,所以在模型中增加客户关系长度 L,作为区分客户价值的另一指标。

本案例将客户关系长度 L、消费时间间隔 R、平均每公里票价 P、消费频率 F、飞行里程 M 和折扣系数的平均值 C 六个指标作为航空公司识别客户价值的指标(见表 7.3),记为 LRPFMC 模型。

表 7.3　LRPFMC 指标含义

模型	L	R	P	F	M	C
LRPFMC 模型	会员入会时间距观测窗口结束的月数	客户最近一次乘坐公司飞机距观测窗口结束的月数	客户在观测窗口内平均每公里票价	客户在观测窗口内乘坐公司飞机的次数	客户在观测窗口内累计飞行里程	客户在观测窗口内享受的平均折扣系数

针对航空公司 LRPFMC 模型,如果采用传统 RFM 模型分析的属性分箱方法(如图 7.1 所示,它是依据属性的平均值进行划分,其中大于平均值的客户表示为 ↑,小于平均值的客户表示为 ↓),虽然也能够识别出最有价值的客户,但是细分的客户群太多,提高了针对性营销的成本。因此,本案例采用聚类的方法识别客户价值。通过对航空公司客户价值的 LRPFMC 模型的六个指标进行 K-Means 聚类识别出最有价值的客户。

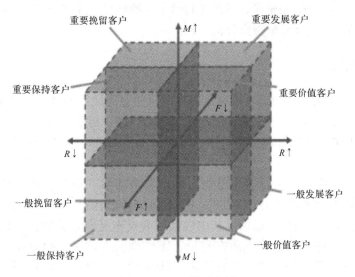

图 7.1　RFM 模型分析

本案例航空公司客运数据挖掘建模的总体流程如图 7.2 所示。

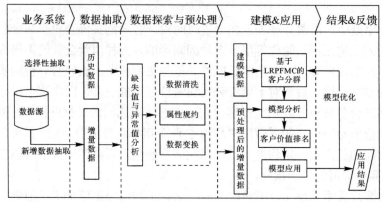

图 7.2　航空公司客运数据挖掘建模总体流程

航空公司客运信息挖掘主要包括以下步骤:

(1) 从航空公司的数据源中分别进行选择性抽取与新增数据抽取,从而形成历史数据和增量数据。

(2) 对步骤(1)中形成的两个数据集进行数据探索分析与预处理,包括数据缺失值与异常值的探索分析,数据的属性规约、清洗和变换。

(3) 利用步骤(2)中形成的已完成数据预处理的建模数据,基于旅客价值 LRPFMC 模型进行客户分群,对各个客户群进行特征分析,识别出有价值的客户。

(4) 针对模型结果得到不同价值的客户,采用不同的营销手段,提供定制化的服务。

7.3　航空公司数据加载

本节将从航空公司获取 2012-04-01 至 2014-03-31 时间段内有乘机记录的所有客户的详细数据,总共有 62 988 条记录,根据前面确定的挖掘目标选择合适的数据进行加载,然后对加载之后的数据进行简单探索分析。

7.3.1　数据抽取

以 2014-03-31 为结束时间,选取宽度为两年的时间段作为分析观测窗口,抽取观测窗口内有乘机记录的所有客户的详细数据形成历史数据。对于后续新增客户的详细信息,以后续新增数据中最新的时间点作为结束时间,采用上述同样的方法进行抽取形成增量数据。

从航空公司系统内的客户基本信息、客户乘机信息、积分信息等详细数据中,根据末次飞行日期(LAST FLIGHT DATE),抽取 2012-04-01 至 2014-03-31 内所有乘客的详细数据,总共有 62 988 条记录。其中包含了会员卡号、入会时间、性别、年龄、会员卡级别、工作地城市、工作地所在省份、工作地所在国家、观测窗口结束时间、观测窗口乘机积分、飞行公里数、飞行次数、飞行时间、乘机时间间隔、平均折扣率等40 多个属性。

7.3.2　数据探索分析

本案例的探索分析是对数据进行缺失值与异常值分析，分析出数据的规律以及异常值。通过对数据观察，发现原始数据中存在票价为空值，票价最小值为 0、折扣率最小值为 0 但总飞行公里数大于 0 的记录。票价为空值的数据可能是客户不存在乘机记录造成的，其他的数据可能是客户乘坐 0 折机票或者积分兑换产生的。数据探索分析的代码如下：

```
import pandas as pd
import numpy as np
from sklearn.cluster import KMeans
import matplotlib.pyplot as plt
datafile = "air_data.csv"
resultfile = "explore.xls"#数据探索结果表
data = pd.read_csv(datafile, encoding="utf-8")
print(data.shape)
print(data.info())
```

根据上面的代码得到的探索结果见图 7.3。

```
(62988, 44)
<class 'pandas.core.frame.DataFrame'>
RangeIndex: 62988 entries, 0 to 62987
Data columns (total 44 columns):
MEMBER_NO           62988 non-null int64
FFP_DATE            62988 non-null object
FIRST_FLIGHT_DATE   62988 non-null object
GENDER              62985 non-null object
FFP_TIER            62988 non-null int64
WORK_CITY           60719 non-null object
WORK_PROVINCE       59740 non-null object
WORK_COUNTRY        62962 non-null object
AGE                 62568 non-null float64
LOAD_TIME           62988 non-null object
FLIGHT_COUNT        62988 non-null int64
BP_SUM              62988 non-null int64
```

图 7.3　部分数据分析结果

7.4　航空公司数据预处理

本案例主要采用数据清洗、属性规约与数据变换的预处理方法对数据进行预处理。

1. 数据清洗

通过数据探索分析，发现数据中存在缺失值，例如票价最小值为 0、折扣率最小值为 0 但总飞行公里数大于 0 的记录。由于原始数据量大，这类数据所占比例较小，对于预处理结果影响不大，因此对其进行丢弃处理。具体处理方法如下：

(1) 丢弃票价为空的记录。

(2) 丢弃票价为 0、平均折扣率为 0 且总飞行公里数大于 0 的记录。

使用 Pandas 对满足清洗条件的数据进行丢弃，处理方法：满足清洗条件的一行数据全部丢弃，具体代码如下：

```
#-*- coding: utf-8 -*-
#数据清洗，过滤掉不符合规则的数据
import pandas as pd
datafile= 'air_data.csv'                              #航空原始数据，第一行为属性标签
cleanedfile = 'data_cleaned.csv'                      #数据清洗后保存的文件
data = pd.read_csv(datafile, encoding='utf-8')        #读取原始数据，指定 UTF-8 编码
data = data[data['SUM_YR_1'].notnull()&data['SUM_YR_2'].notnull()]    #票价非空值保留
#只保留票价非零的或者平均折扣率与总飞行公里数同时为 0 的记录
index1 = data['SUM_YR_1'] != 0
index2 = data['SUM_YR_2'] != 0
index3 = (data['SEG_KM_SUM'] == 0) & (data['avg_discount'] == 0)      #该规则是"与"
data = data[index1 | index2 | index3]                 #该规则是"或"
print(data.shape)
data.to_csv(cleanedfile)                               #导出结果
```

删除后剩余的样本值是 62 044 个，可见异常样本的比例不足 1.5%，不会对分析结果产生较大的影响，因此在数据清洗过程中将不符合要求的数据直接删掉是可行的。

2. 属性规约

原始数据集的特征属性太多，并且各属性都无法进行降维，在处理的过程中将与本次挖掘目标无关或者相关度较低的属性剔除掉。这里选取几个对航空公司比较有价值的特征进行分析，最终选取的特征是第一年总票价、第二年总票价、观测窗口总飞行公里数、飞行次数、平均乘机时间间隔、观察窗口内最大乘机间隔、入会时间、观测窗口的结束时间、平均折扣率这几个特征。下面说明这么选的理由：

(1) 选取特征第一年总票价、第二年总票价、观测窗口总飞行公里数用来计算平均飞行每公里的票价，因为对于航空公司来说并不是票价越高、飞行公里数越长，就越能创造利润，反而是那些近距离、高等舱的客户能够创造更大的利益。

(2) 总飞行公里数、飞行次数也都是评价一个客户价值的重要指标。

(3) 入会时间可以看出客户是否为老用户及其忠诚度。

(4) 通过平均乘机时间间隔、观测窗口内最大乘机间隔可以判断客户的乘机频率，从而判断客户是否为固定客户。

(5) 平均折扣率可以反映出客户给公司带来的利益，毕竟越是高价值的客户享用的折扣率越高。属性初步规约结果集见表 7.4。属性规约代码如下：

```
filter_data = data[["FFP_DATE", "LOAD_TIME", "FLIGHT_COUNT", "SUM_YR_1",
        "SUM_YR_2", "SEG_KM_SUM", "AVG_INTERVAL" , "MAX_INTERVAL",
        "avg_discount"]]
filter_data.to_csv('ddd.csv')
```

表7.4　属性初步规约结果集

FFP_DATE	LOAD_TIME	FLIGHT_COUNT	SUM_YR_1	SUM_YR_2	SEG_KM_SUM	AVG_INTERVAL	MAX_INTERVAL	avg_discount
2006/11/2	2014/3/31	210	239560	234188	580717	3.483253589	18	0.961639043
2007/2/19	2014/3/31	140	171483	167434	293678	5.194244604	17	1.25231444
2007/2/1	2014/3/31	135	163618	164982	283712	5.298507463	18	1.254675516
2008/8/22	2014/3/31	23	116350	125500	281336	27.86363636	73	1.090869565
2009/4/10	2014/3/31	152	124560	130702	309928	4.78807947	47	0.970657895
2008/2/10	2014/3/31	92	112364	76946	294585	7.043956044	52	0.967692483
2006/3/22	2014/3/31	101	120500	114469	287042	7.19	28	0.965346535
2010/4/9	2014/3/31	73	82440	114971	287230	10.11111111	45	0.962070222
2011/6/7	2014/3/31	56	72596	87401	321489	13.05454545	94	0.828478237
2010/7/5	2014/3/31	64	85258	60267	375074	11.33333333	73	0.708010153
2010/11/18	2014/3/31	43	69056	91581	262013	16.83333333	95	0.988658044
2004/11/13	2014/3/31	145	92975	126821	271438	5.027777778	42	0.95253487
2006/11/23	2014/3/31	29	44750	53977	321529	23	112	0.799126984
2006/10/25	2014/3/31	118	105466	119832	179514	6.196581197	38	1.398381742
2010/2/1	2014/3/31	50	68941	79076	270067	14.87755102	100	0.921984841
2008/3/28	2014/3/31	22	69300	54764	234721	31.19047619	102	1.026084586
2010/7/15	2014/3/31	101	93840	93114	172231	6.84	41	1.3865249
2010/11/10	2014/3/31	40	66239	63260	284160	17.58974359	77	0.837844243
2006/4/6	2014/3/31	64	99735	93006	169358	11.20634921	48	1.401596264
2011/8/29	2014/3/31	38	60930	52316	332896	18.67567568	74	0.70828541
2008/7/30	2014/3/31	106	69566	122763	167113	6.438095238	31	1.369404116

3. 数据变换

数据变换是将数据转换成"适当的"格式，以适应挖掘任务及算法的需要。本案例中主要采用的数据变换方式为属性构造和数据标准化。

由于原始数据中并没有直接给出 LRPFMC 六个指标，因此，需要通过原始数据提取这六个指标，具体的计算方式如下：

(1)　L = LOAD_TIME − FFP_DATE。

会员入会时间距观测窗口结束的月数=观测窗口的结束时间−入会时间(单位：天)。

(2)　R = MAX_INTERVAL − AVG_INTERVAL。

时间间隔差值是指通过平均乘机时间间隔、观察窗口内最大乘机间隔可以判断客户的乘机频率是否为固定值。

(3)　P = (SUM_YR_1 + SUM_YR_2) / SEG_KM_SUM。

平均每公里票价是通过第一年总票价、第二年总票价、观测窗口总飞行公里数计算得出的。

(4)　F = FLIGHT_COUNT。

客户在观测窗口内乘坐公司飞机的次数 = 观测窗口的飞行次数(单位：次)。

(5)　M = SEG_KM_SUM。

客户在观测时间内在公司累计的飞行里程 = 观测窗口总飞行公里数(单位：公里)。

(6)　C = AVG_DISCOUNT。

客户在观测时间内乘坐舱位所对应的折扣系数的平均值 = 平均折扣率(单位：无)。

数据变换的数据集代码如下：

```
data["LOAD_TIME"] = pd.to_datetime(data["LOAD_TIME"])

data["FFP_DATE"] = pd.to_datetime(data["FFP_DATE"])

data["入会时间"] = data["LOAD_TIME"] - data["FFP_DATE"]

data["平均每公里票价"] = (data["SUM_YR_1"] + data["SUM_YR_2"]) / data["SEG_KM_SUM"]

data["时间间隔差值"] = data["MAX_INTERVAL"] - data["AVG_INTERVAL"]
```

```
deal_data = data.rename(columns = {"FLIGHT_COUNT" : "飞行次数",
"SEG_KM_SUM" : "总里程", "avg_discount" : "平均折扣率"}, inplace = False)
filter_data = deal_data[["入会时间", "飞行次数", "平均每公里票价", "总里程",
"时间间隔差值", "平均折扣率"]]
filter_data['入会时间'] = filter_data['入会时间'].astype(np.int64)/(60*60*24*10**9)
filter_data.to_csv()
print(filter_data.info('filter _data.csv'))
```

变换特征之后的数据集如表 7.5 所示。

表 7.5　变换特征之后的数据集

入会时间	飞行次数	平均每公里票价	总里程	时间间隔差值	平均折扣率
2706	210	0.815798401	580717	14.51674641	0.96163904
2597	140	1.154042863	293678	11.8057554	1.25231444
2615	135	1.158216783	283712	12.70149254	1.25467552
2047	23	0.85964825	281336	45.13636364	1.09086957
1816	152	0.823617098	309928	42.21192053	0.9706579
2241	92	0.642632856	294585	44.95604396	0.96769248
2931	101	0.818587524	287042	20.81	0.96534654
1452	73	0.687292414	287230	34.88888889	0.96207022
1028	56	0.497674882	321489	80.94545455	0.82847824
1365	64	0.387990103	375074	61.66666667	0.70801015
1229	43	0.6130879	262013	78.16666667	0.98865804
3425	145	0.809746609	271438	36.97222222	0.95253487
2685	29	0.307054729	321529	89	0.79912698
2714	118	1.255044175	179514	31.8034188	1.39838174
1519	50	0.548075107	270067	85.12244898	0.92198484
2194	22	0.528559439	234721	70.80952381	1.02608459
1355	101	1.08548403	172231	34.16	1.3865249
1237	40	0.455725648	284160	59.41025641	0.83784424
2916	64	1.13806847	169358	36.79365079	1.40159626
945	38	0.340184322	332896	55.32432432	0.70828541

六个指标的数据提取后，对每个指标数据分布情况进行分析。从表 7.5 的数据中可以发现，六个指标的取值范围数据差异较大，为了消除数量级数据带来的影响，需要对数据进行标准化处理。

标准化处理代码如下，处理后的数据集见表 7.6。

```
filter_zscore_data = (filter_data - filter_data.mean(axis=0))/(filter_data.std(axis=0))
filter_zscore_data.to_csv('filter_zscore_data.csv')
```

表 7.6　标准化处理之后的数据集

入会时间	飞行次数	平均每公里票价	总里程	时间间隔差值	平均折扣率
1.435707399	14.03401565	0.605115151	26.76115429	-0.987973942	1.29554014
1.307151611	9.073212551	1.812902502	13.12686431	-1.019565834	2.8681759
1.328381007	8.718869472	1.827806538	12.65348148	-1.009127573	2.88094999
0.658475615	0.781584518	0.76169212	12.540622	-0.631155484	1.99471366
0.386031696	9.923635939	0.633033786	13.89873577	-0.665234789	1.34433467
0.88728133	5.671518999	-0.013216196	13.16994661	-0.633256797	1.32829096
1.701074852	6.30933654	0.615074419	12.81165575	-0.914637002	1.31559872
-0.043273872	4.325015301	0.146252042	12.82058571	-0.750572004	1.29787294
-0.543344094	3.120248835	-0.530825286	14.44788075	-0.213862723	0.57510268
-0.14588262	3.68719776	-0.922482512	16.99315658	-0.438523512	-0.0766636
-0.306282503	2.198956831	-0.11871393	11.6227837	-0.24624467	1.44172055
2.283703837	9.427555629	0.583505698	12.07046915	-0.726294372	1.246284
1.41093977	1.206796212	-1.211482724	14.44978074	-0.120000985	0.41630413
1.445142686	7.514103006	2.173553215	7.704099174	-0.786527799	3.65844114
0.035746659	2.695037141	-0.350858541	12.00534695	-0.165187108	1.08099974
0.831849017	0.710715902	-0.420544169	10.32641965	-0.331979392	1.64420868
-0.157676729	6.30933654	1.568095859	7.35815826	-0.759065938	3.59429229
-0.296847216	1.986350984	-0.68061563	12.67476138	-0.464818055	0.62577541
1.683383688	3.68719776	1.755861894	7.221691386	-0.728375312	3.67583261
-0.641235199	1.844613753	-1.093185139	14.98971077	-0.512432497	-0.0751744

7.5　航空公司模型构建

客户价值分析模型构建主要由两部分构成：第一部分根据航空公司客户六个指标的数据，对客户进行聚类分群；第二部分结合业务对每个客户群进行特征分析，分析其客户价值，并对每个客户群进行排名。

1. 客户聚类

对于 K-Means 方法，K 的取值是一个难点，因为是无监督的聚类分析问题，所以不存在绝对正确的值，需要进行研究试探。这里采用计算 SSE 的方法，尝试找到最优的 K 数值，K-Means 聚类算法位于 Scikit-Learn 库下的聚类子库(sklearn.cluster)中，代码如下：

```python
def distEclud(vecA, vecB):
    #计算两个向量的欧氏距离的平方，并返回
    return np.sum(np.power(vecA - vecB, 2))
def test_Kmeans_nclusters(data_train):
    #计算不同的 K 值时，SSE 的大小变化
    data_train = data_train.values
    nums = range(2, 10)
    SSE = []
    for num in nums:
        sse = 0
        kmodel = KMeans(n_clusters=num, n_jobs=4)
        kmodel.fit(data_train)
        #簇中心
        cluster_ceter_list = kmodel.cluster_centers_
        #每个样本属于的簇序号列表
        cluster_list = kmodel.labels_.tolist()
        for index in range(len(data)):
            cluster_num = cluster_list[index]
            sse += distEclud(data_train[index, :], cluster_ceter_list[cluster_num])
        print("簇数是", num, "时；    SSE 是", sse)
        SSE.append(sse)
    return nums, SSE
nums, SSE = test_Kmeans_nclusters(filter_zscore_data)
plt.rcParams['font.sans-serif'] = 'SimHei'
plt.rcParams['font.size'] = 12.0
plt.rcParams['axes.unicode_minus'] = False
#使用 ggplot 的绘图风格
```

```
plt.style.use('ggplot')
##绘图观测 SSE 与簇个数的关系
fig=plt.figure(figsize=(10, 8))
ax=fig.add_subplot(1, 1, 1)
ax.plot(nums, SSE, marker="+")
ax.set_xlabel("n_clusters", fontsize=18)
ax.set_ylabel("SSE", fontsize=18)
fig.suptitle("KMeans", fontsize=20)
plt.show()
```

不同 K 值下 SSE 值折线图如图 7.4 所示。

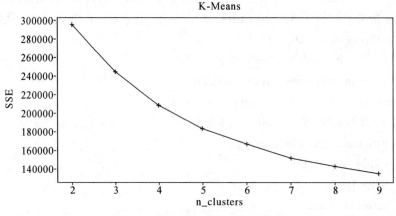

图 7.4　不同 K 值下 SSE 值折线图

　　通过分析图 7.4 能够看出，并没有所谓的"拐"点出现，随着 K 值增大，SSE 的值逐渐减小，暂定选择 K 分别为 4、5、6，通过分析结果来反向选择出最为合适的 K 值，$K=4$ 时，代码如下：

```
kmodel = KMeans(n_clusters=4, n_jobs=4)
kmodel.fit(filter_zscore_data)
#简单打印结果
r1 = pd.Series(kmodel.labels_).value_counts()              #统计各个类别的数目
r2 = pd.DataFrame(kmodel.cluster_centers_)                 #找出聚类中心
#所有簇中心坐标值中的最大值和最小值
max = r2.values.max()
min = r2.values.min()
r = pd.concat([r2, r1], axis=1)           #横向连接，得到聚类中心对应的类别下的数目
r.columns = list(filter_zscore_data.columns) + [u'类别数目']   #重命名表头
#绘图
fig = plt.figure(figsize=(10, 8))
ax = fig.add_subplot(111, polar=True)
center_num = r.values
```

```
feature = ["入会时间", "飞行次数", "平均每公里票价", "总里程", "时间间隔差值",
          "平均折扣率"]
N = len(feature)
for i, v in enumerate(center_num):
    #设置雷达图的角度, 用于平分切开一个圆面
    angles = np.linspace(0, 2 * np.pi, N, endpoint=False)
    #为了使雷达图一圈封闭起来, 需要下面的步骤
    center = np.concatenate((v[:-1], [v[0]]))
    angles = np.concatenate((angles, [angles[0]]))
    #绘制折线图
    ax.plot(angles, center, 'o-', linewidth=2, label="第%d 簇人群, %d 人" % (i + 1, v[-1]))
    #填充颜色
    ax.fill(angles, center, alpha=0.25)
    #添加每个特征的标签
    ax.set_thetagrids(angles * 180 / np.pi, feature, fontsize=15)
    #设置雷达图的范围
    ax.set_ylim(min - 0.1, max + 0.1)
    #添加标题
    plt.title('客户群特征分析图', fontsize=20)
    #添加网格线
    ax.grid(True)
    #设置图例
    plt.legend(loc='upperright', bbox_to_anchor=(1.3, 1.0), ncol=1, fancybox=True, shadow=True)
#显示图形
plt.show()
```

当 $K = 4$ 时, 客户分析图如图 7.5 所示, 分别调整 $K = 5$、$K = 6$ 得到相应客户分析图 7.6、图 7.7。(可用手机扫图旁二维码看彩图)

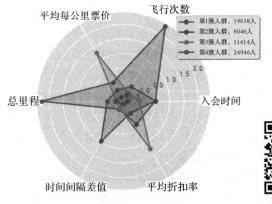

图 7.5 $K = 4$ 时客户分析图

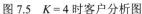

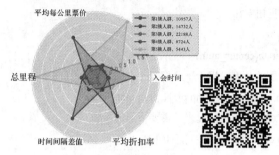

图 7.6　$K = 5$ 时客户分析图

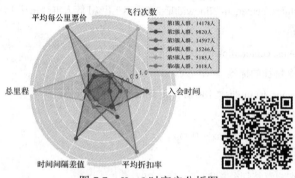

图 7.7　$K = 6$ 时客户分析图

通过分析图 7.5、图 7.6、图 7.7，能够看出：

当 K 取值为 4 时，每个人群包含的信息相对比较复杂，不过存在特征不明显的问题。

当 K 取值为 5 时，分析的结果比较合理，分出的五种类型人群都有自己的特点且不相互重复。

当 K 取值为 6 时，各种人群也都有自己的特点，但是第 4 簇人群完全在第 5 簇人群特征中包含了，存在一定的数据冗余。

综上，当 K 取值为 5 时，可以得到最好的聚类效果，将所有的客户分成五个人群。

2. 客户价值分析

通过图 7.6($K = 5$ 时)的聚类结果进行特征分析，上述特征分析图说明每个客户群都有显著不同的表现特征，基于该特征描述，本案例定义五个等级的客户类别：重要保持客户、重要发展客户、重要挽留客户、一般客户、低价值客户。具体结论如下：

(1) 第 1 簇人群，共计 10 957 人，它最大的特点是时间间隔差值最大，分析可能是"季节型客户"，他们在一年中某个时间段需要多次乘坐飞机进行旅行，其他的时间则出行得不多。此类客户需要在保持的前提下，进行一定的发展。尽管此类客户不是最优质的客户，但是却有很大的发展潜力。航空公司要努力促使这类客户增加在本公司的乘机消费和在合作伙伴处的消费。通过客户价值的提升，加强这类客户的满意度，提高他们转向竞争对手的转移成本，使他们逐渐成为公司的忠诚客户。

(2) 第 2 簇人群，共计 14 732 人，它最大的特点就是入会的时间较长，属于老客户。其飞行总里程和总次数都不高，观测窗口内的平均折扣率系数相对较低，分析可能是流失的客户，他们的客户价值变化的不确定性很高。由于这些客户衰退的原因各不相同，因此掌握客户的最新信息、维持与客户的互动就显得尤为重要。航空公司应该根据这些客户最近的消费时间、消费次数的变化情况，推测客户消费的异动状况，并列出客户名单，对其重点联系，采取一定的营销手段，延长客户的生命周期。

(3) 第 3 簇人群，共计 22 188 人，它各方面的数据都是比较低的，属于一般或低价值客户。此类客户可能是在航空公司机票打折促销时，才会选择乘坐本公司航班，针对此类客户要进行针对性打折营销。

(4) 第 4 簇人群，共计 8724 人(重点保持客户+重点发展客户)，它最大的特点就是平均每公里票价和平均折扣率都是最高的，应该是属于乘坐高等舱的商务人员，也是需要重点发展的对象。另外应该积极采取相关的优惠政策使他们的乘坐次数增加。

(5) 第 5 簇人群，共计 5443 人，它最大的特点是总里程和飞行次数都是最多的，而且平均每公里票价也较高，是重点保持客户。他们是航空公司的高价值客户，是最为理想的客户类型，对航空公司的贡献最大，但所占比例却较小。航空公司应该优先将资源投放到他们身上，对他们进行差异化管理和一对一营销，提高这类客户的忠诚度与满意度，尽可能延长这类客户的高水平消费。

其中，重要发展客户、重要保持客户、重要挽留客户这三类重要客户分别可以归入客户生命周期管理的发展期、稳定期、衰退期三个阶段。针对不同类型的客户群提供不同的产品和服务，提升重要发展客户的价值，稳定和延长重要保持客户的高水平消费，防范重要挽留客户的流失并积极进行关系恢复。

本模型采用历史数据进行建模，随着时间的变化，分析数据的观测窗口也在变换。因此，对于新增客户详细信息，考虑业务的实际情况，建议每一个月运行一次该模型，对新增客户信息通过聚类中心进行判断，同时对本次新增客户的特征进行分析。如果增量数据的实际情况与判断结果差异大，则需要业务部门重点关注，查看变化大的原因以及确认模型的稳定性。如果模型稳定性变化大，则需要重新训练模型进行调整。目前模型进行重新训练的时间没有统一标准，大部分情况都是根据经验来决定。根据经验，建议每隔半年训练一次模型比较合适。

3. 模型应用

对各个客户群进行特征分析，采取下面的一些营销手段和策略，为航空公司的价值客户群管理提供参考。

1) 会员的升级与保级

航空公司的会员可以分为白金卡会员、金卡会员、银卡会员、普通卡会员，其中非普通卡会员可以统称为航空公司的精英会员。虽然各个航空公司都有自己的特点和规定，但会员制的管理方法是大同小异的。成为精英会员一般都是要求在一定时间内(如一年)积累一定的飞行里程或航段，达到这种要求后就会在有效期内(通常为两年)成为精英会员，并享受相应的高级别服务。有效期快结束时，根据相关评价方法确定客户是否再有资格继续作为精英会员，然后对该客户进行相应的升级或降级。

然而，由于许多客户并没有意识到或根本不了解会员升级或保级的时间与要求(相关的文件说明往往复杂且不易理解)，经常在评价期过后才发现自己其实只差一点就可以实现升级或保级，却错过了机会，使之前的里程积累白白损失。同时，这种认知还可能导致客户的不满，干脆放弃在本公司的消费。因此，航空公司可以在对会员升级或保级进行评价的时间点之前，对那些接近但尚未达到要求的较高消费客户进行适当提醒甚至采取一些促销活动，刺激他们通过消费达到相应标准。这样既可以获得收益，同时也提高了客户的满意度，还增加了公司的精英会员。

2) 首次兑换

航空公司常旅客计划中最能够吸引客户的内容就是客户可以通过消费积累的里程来兑换免票或免费升舱等。各个航空公司都有一个首次兑换标准，也就是当客户的里程或航段积累到一定程度时才可以实现第一次兑换，这个标准会高于正常的里程兑换标准。但是很多公司的里程积累随着时间会被削减一部分，例如有的公司会在年末对该年积累的里程进行折半处理。这样会导致许多不了解情况的会员白白损失自己好不容易积累的里程，甚至总是难以实现首次兑换。同样，这也会引起客户的不满或流失。可以采取的措施是从数据库中提取出接近但尚未达到首次兑换标准的会员，对他们进行提醒或促销，使他们通过消费达到标准。一旦实现了首次兑换，客户在本公司进行再次消费兑换就比在其他公司进行兑换要容易许多，这在一定程度上等于提高了转移的成本。另外，在某些特殊的时间点（如里程折半的时间点）之前可以给客户一些提醒，这样可以增加客户的满意度。

3) 交叉销售

通过发行联名卡等与非航空类企业的合作，使客户在其他企业的消费过程中获得本公司的积分，增强与公司的联系，提高他们的忠诚度。例如，可以查看重要客户在非航空类合作伙伴处的里程积累情况，找出他们习惯的里程积累方式（是否经常在合作伙伴处消费，更喜欢消费哪些合作伙伴的产品），对他们进行相应促销。

在客户识别期和发展期为客户关系打下基石，但是这两个时期带来的客户关系是短暂的、不稳定的。企业要获取长期的利润，必须具有稳定的、高质量的客户。保持客户对于企业是至关重要的，不仅因为争取新客户的成本远远高于维持老客户的成本，更重要的是客户流失会造成公司收益的直接损失。因此，航空公司应该努力维系客户关系，使之处于较高的水准，最大化生命周期内公司与客户的互动价值，并使这样的高水平尽可能延长。对于此类客户，主要应该通过提供优质的服务产品和提高服务水平来提升客户的满意度。通过对旅客数据库的数据进行挖掘并且进行客户细分，可以获得重要保持客户的名单。这类客户一般所乘航班的平均折扣率较高，最近乘坐过本公司航班，乘坐的频率或里程也较高。对于重要保持客户来说，他们对航空公司的价值是最高的，不过在整个客户群体中占比相对较小。从营销的角度来说，航空公司需要尽量满足此类用户的个性化需求，提供VIP 服务，以求进一步提升此类客户对航空公司的满意度和忠诚度。

本 章 小 结

本章结合航空公司客户价值分析的案例，重点介绍了数据挖掘算法中的 K-Means 聚类算法在实际案例中的应用，针对客户价值识别传统的 LRPFMC 的不足，采用 K-Means 算法进行分析，并详细地描述了数据挖掘的整个过程，给出了相应算法的 Python 上机实验步骤。

第 8 章　商业零售行业中的购物篮分析

8.1　背景与挖掘目标

每年 11 月份的第四个星期五，就是美国一年一度的圣诞大采购(类似于国内阿里巴巴"双十一"、京东"618")，所有的商场都采取打折促销的策略来吸引消费者。因为美国的商场一般以红笔记录赤字，以黑笔记录盈利，而感恩节后的这个星期五人们疯狂地抢购使得商场利润大增，因此被商家们称作"黑色星期五"。

本章具体目标如下：

(1) 对"黑色星期五"销售数据进行初步探索。

(2) 对"黑色星期五"销售数据进行二次探索。

(3) 构建随机森林模型预测不同人群对不同产品的购买行为。

(4) 构建关联规则模型对顾客购买商品的关联性进行分析。

8.2　加载商业零售数据集

本章将从 kaggle 上找到"黑色星期五"的数据，共计 537 577 条零售商店中的交易数据，没有时间维度，对职业、城市、婚姻状况进行了编码处理，对产品分类进行了模糊处理。

由于本次数据可以从下面的地址获取，因此本章没有使用网络爬虫获取数据，数据获取地址为 https://www.kaggle.com/mehdidag/black-friday。数据获取本身有一定困难，在完成本章练习的过程中可以从随书数据中获取。

本次获取到的数据为 CSV 格式文件，在获取数据的过程中需要用到 Pandas 库的 pd.read_csv()，数据集中各个字段的含义如表 8.1 所示。

表 8.1　BlackFriday 数据集中各个字段的含义

编号	列　名	中文解释	相关说明	数据类型
1	User_ID	用户 ID	用户唯一标识	int64
2	Product_ID	产品编号	产品唯一标识	object
3	Gender	性别	M/F	object
4	Age	年龄	共 7 个年龄段	object
5	Occupation	职业	职业 20 个类别	int64
6	City_Category	城市类别	A、B、C	object

编号	列　名	中文解释	相关说明	数据类型
7	Stay_In_Current_City_Years	当前城市居住年数	0、1、2、3、4、4+	object
8	Marital_Status	婚姻状况	0 未婚、1 已婚	int64
9	Product_Category_1	产品类别 1	由 1、2、3 等离散值表示	int64
10	Product_Category_2	产品类别 2	由 1、2、3 等离散值表示	int64
11	Product_Category_3	产品类别 3	由 1、2、3 等离散值表示	int 64
12	Purchase	本次订单购买金额	以美元计	int64

用 read_csv 函数就能加载数据集：

```
import pandas as pd
bf = pd.read_csv("BlackFriday.csv", header = 'infer')
print(bf.info())    #获取数据基本信息
bf.head(10)   #获取前 10 行数据
```

8.3　商业零售数据预处理

为了确保 BlackFriday 数据能够较好地应用到后续的数据挖掘与分析过程中，数据预处理是必不可少的。通过表 8.1 能够看出，BlackFriday 数据共有 12 列，均与本章主题相关，不需要进行专门处理。另外，在预处理数据的过程中需要对是否存在缺失进行判断，代码如下：

```
bf = pd.read_csv("BlackFriday.csv", header = 'infer')
print(bf.isna().any())
```

Black Friday 数据缺失值判断结果如图 8.1 所示。

```
User_ID                       False
Product_ID                    False
Gender                        False
Age                           False
Occupation                    False
City_Category                 False
Stay_In_Current_City_Years    False
Marital_Status                False
Product_Category_1            False
Product_Category_2            True
Product_Category_3            True
Purchase                      False
dtype: bool
```

图 8.1　BlackFriday 数据缺失值判断结果

通过图 8.1 能够看出，Product_Category_2 和 Product_Category_3 返回值为 True，只有这两个字段存在缺失值，而 User_ID 和 Product_ID 不存在缺失值，数据较为完整。

下面对 Product_Category_2 和 Product_Category_3 的缺失值比率进行计算，代码如下：

```
missing_percentage = (bf.isnull().sum()/bf.shape[0]*100).sort_values(ascending=False)
missing_percentage = missing_percentage[missing_percentage!=0].round(2)
print(missing_percentage)
```

经过计算，Product_Category_2 的缺失值比率为 31.06%，Product_Category_3 的缺失值比率为 69.44%，已经接近 70%，因此在数据处理的过程中需要对缺失值进行填充，结合 BlackFriday 数据的实际情况和本次分析与挖掘的目标，这里选择用 0 来填充缺失值，代码如下：

```
bf.fillna(0, inplace=True)
bf.isna().any().sum()
```

8.4　初步探索数据

本节主要通过单一属性来判断哪些人群更可能在"黑色星期五"购买更多商品。可以分别从性别、婚姻状况、职业、年龄、居住时间、城市等来对 BlackFriday 数据进行初步探索。

8.4.1　查看各数据项的取值

为了能够更好地对 BlackFriday 数据进行探索，需要对 12 个数据项的取值有更深入的了解。在具体处理的过程中，可以通过构建 data_type()函数的方法完成各个数据项取值的获取，具体代码如下：

```
def data_type(bf):
    for i in bf.columns:
        print(i, "------>>", bf[i].unique())    #输出过程中剔除重复值
    print(data_type(bf))
```

运行上述代码之后，对结果进行分析：年龄段共分成 7 段('0~17', '18~25', '26~35', '36~45', '46~50', '51~55', '55+')，职业分成了 21 类，城市类型分成 3 类，居住时间分成了 5 段('0', '1', '2', '3', '4+')，产品类别取值都在 0~18，用来表征产品属于该类别的程度。

8.4.2　性别和婚姻状况

究竟哪些人群更可能在"黑色星期五"购买更多商品呢？性别和婚姻状况是比较重要的考量因素。根据阿里巴巴和京东发布的相关信息，我们知道我国男性更偏向购买数码产品，女性更倾向于购买衣服、化妆品。结婚与否也会对不同性别人群购物习惯产生较大影响，当然这些信息并不完善。为了真正了解 BlackFriday 数据中性别和婚姻状况对消费者购买情况的影响，通过双重饼图显示来进行更直观的分析，代码如下：

```
bf_gen_mar = bf.groupby(['Gender', 'Marital_Status']).count().reset_index('Marital_Status')
bf_gen = bf.groupby(['Gender']).count()
# Female_0, Female_1 中的 "0" 代表未婚, "1" 代表已婚
plt.figure(figsize=(9, 6))
plt.pie(bf_gen_mar.iloc[:, 2], radius=1, wedgeprops=dict(width=0.3, edgecolor='w'),
colors=['cyan', 'lightskyblue', 'linen', 'y'], labels=['Female_0', 'Female_1', 'Male_0', 'Male_1'],
autopct='%1.1f%%', pctdistance = 0.9)
plt.pie(bf_gen.iloc[:, 1], radius=0.7, wedgeprops=dict(width=0.3, edgecolor='w'),
colors=['cyan', 'lightskyblue', 'linen', 'yellow'], labels=['Female', 'Male'],
labeldistance = 0.6, autopct='%1.1f%%', pctdistance = 0.4)
plt.tight_layout()
plt.legend()
plt.axis('equal')
plt.show()
```

程序运行结果如图 8.2 所示。

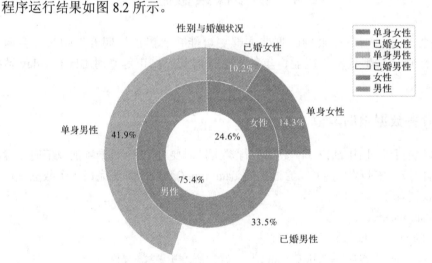

图 8.2　BlackFridy 性别和婚姻状况双饼图

通过图 8.2 能够看出，在"黑色星期五"的销量中，男性特别是未婚男性的购买次数最多。未婚的男女性购买次数比已婚男女性都多。

8.4.3　年龄

在分析 BlackFriday 销售数据的过程中，年龄是必须要关注的影响因素。不同年龄的消费者在整个购物节中的购买力有较大差别，具体代码如下：

```
bf_age = bf.groupby(['Age']).count()
sns.barplot(x=bf_age.index, y=bf_age.Purchase)
plt.show()
```

想要运行上述代码，需要导入 seaborn 库(Python 统计分析可视化库)，语句为 import

seaborn as sns，运行结果如图 8.3 所示。

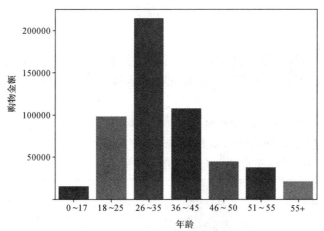

图 8.3　不同年龄段消费者购买贡献分布图

通过图 8.3 能够看出，消费的主要群体集中于 18~45 岁的青中年群体，呈现出类似正态分布的形式，其中 26~35 岁的青年团体贡献最大。

8.4.4　职业

不同职业的消费者在购买商品时也会有较大差异，下面通过相关代码完成对 BlackFriday 数据中不同职业的消费者的购买力的可视化统计，具体代码如下：

```
bf_Occ = bf.groupby(['Occupation']).count()
sns.barplot(x=bf_Occ.index, y=bf_Occ.Purchase)
plt.show()
```

不同职业的消费者购买贡献分布图如图 8.4 所示。

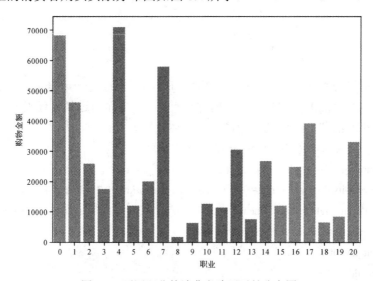

图 8.4　不同职业的消费者购买贡献分布图

　　通过图 8.4 能够看出，职业代号为 0、4、7 的群体的购买次数更多，职业代号为 8、13、18 的群体的购买次数较少。

8.4.5　居住时间

　　在某个城市居住时间的长短也是影响购物的重要因素，游客和长期居住居民的购买情况必然是存在区别的，下面通过代码分析 BlackFriday 数据中不同居住时间的消费者的购物情况，具体代码如下：

```
bf_Occ = bf.groupby(['Stay_In_Current_City_Years']).count()
sns.barplot(x=bf_Occ.index, y=bf_Occ.Purchase)
```

不同居住时间的消费者购买贡献分布图如图 8.5 所示。

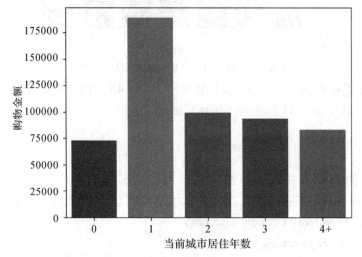

图 8.5　不同居住时间的消费者购买贡献分布图

　　通过图 8.5 能够看出，居住一年的群体的购买次数更多，其余居住时间的群体的购买次数较相近。

8.4.6　城市

　　不同城市的消费者在"黑色星期五"购物节的购买力也有一定差别，一线城市和小县城的消费者在购买商品的过程中考虑的问题略有不同，下面通过具体代码分析 BlackFriday 数据中不同城市的消费者购买商品的情况，具体代码如下：

```
bf_City = bf.groupby(['City_Category']).count()
plt.figure(figsize=(9, 6))
plt.pie(bf_City.iloc[:, 1], radius=0.7, wedgeprops=dict(width=0.3, edgecolor='w'),
colors=['cyan', 'lightskyblue', 'linen', 'yellow'], labels=['A', 'B', 'C'], labeldistance = 0.8,
        autopct='%1.1f%%', pctdistance = 0.7)
plt.tight_layout()
plt.legend()
plt.axis('equal')
```

```
plt.title('City')
plt.show()
```

不同城市的消费者购买贡献分布图如图 8.6 所示。

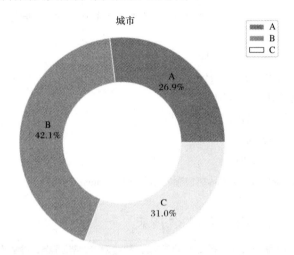

图 8.6　不同城市的消费者购买贡献分布图

通过图 8.6 能够看出，B 类城市购买群体的贡献最大，C 类城市次之，A 类城市在整个"黑色星期五"购物节中贡献最小。

8.5　二次探索数据

为了能够更深入地分析各类群体在"黑色星期五"购买商品的情况，本节着重实现畅销产品分析，分别分析年龄、居住时间、性别、婚姻状况、城市与产品类型的关系。

8.5.1　畅销产品

在对 BlackFriday 数据进行深度分析的过程中，畅销产品意味着受到人们更多关注的产品，从后续构建关联规则的角度上来分析，可以选择畅销产品为其他产品进行引流，获取畅销产品 TOP10 的代码如下：

```
fig1, ax1 = plt.subplots(figsize=(12, 7))
bf.groupby('Product_ID')['Purchase'].sum().nlargest(10).sort_values().plot(kind='barh')
plt.show()                                    #显示畅销商品 TOP10
plt.rcParams['font.sans-serif']=[SimSun]      #用来正常显示中文标签
plt.rcParams['axes.unicode_minus'] = False    #解决保存图像中负号 "-" 显示为 "方块" 的问题
fig=plt.figure(figsize=(12, 6), dpi=100)
ax1=fig.add_subplot(111)
ax1.grid()
ax2=ax1.twinx()                               #建立副纵坐标轴
data_2=product_purchase['Purchase']
```

```
data_1=product_purchase['P_Cumsum']
x=np.arange(1, len(product_purchase)+1)
ax1.plot(x, data_1, color='#ed5a65', label='销售额累计占比', linewidth=5)
ax2.plot(x, data_2, color='#5cb3cc', label='单个商品销售额', linewidth=1)
ax1.set_xlabel('商品种类')
ax1.set_yticks(np.linspace(0, 1, 11))
ax1.set_yticklabels(['{:.0%}'.format(i/10) for i in range(11)])        #y 轴刻度显示百分比
ax1.set_ylabel('累计销售额占比')
ax2.set_ylabel('单个商品的销售额')
ax1.legend(loc=(0.83, 0.14))
ax2.legend(loc=(0.83, 0.08))
ax1.set_title('BlackFridy 各产品销售额的帕累托图', fontsize=18)
plt.show()
```

BlackFriday 畅销产品 TOP10 如图 8.7 所示。

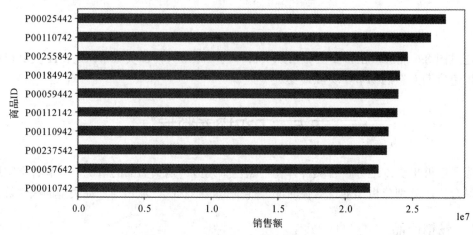

图 8.7　BlackFriday 畅销产品 TOP10

BlackFriday 各产品销售额的帕累托图如图 8.8 所示。

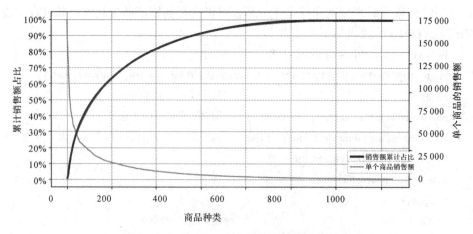

图 8.8　BlackFriday 各产品销售额的帕累托图

8.5.2　年龄与产品类型的关系

不同年龄的人群对不同类型产品的需求有一定差异。另外，随着年龄的增长，同一人群的消费习惯也会发生改变。如果能够分析年龄对产品类型的影响，则后续能够更好地调整营销策略，具体代码如下：

```
bf_P1=bf.groupby(['Age'])['Purchase'].sum()
bf_P2=bf[bf["Product_Category_2"]>0]
bf_P2=bf_P2.groupby(['Age'])['Purchase'].sum()
bf_P3=bf[bf["Product_Category_3"]>0]
bf_P3=bf_P3.groupby(['Age'])['Purchase'].sum()
fig=plt.figure(figsize=(9, 6));
ax=fig.add_subplot(1, 1, 1)
ticks=ax.set_xticklabels(['0-17', '18-25', '26-35', '36-45', '46-50', '51-55', '55+'])
ax.set_xlabel('Age')
ax.legend(loc='best')
ax.plot(bf_P1, marker='o')
ax.plot(bf_P2, marker='*')
ax.plot(bf_P3, marker='.')
ax.legend(['Product_Category_1', 'Product_Category_2', 'Product_Category_3'])
plt.show()
```

年龄与购买产品类型的关系图如图 8.9 所示。

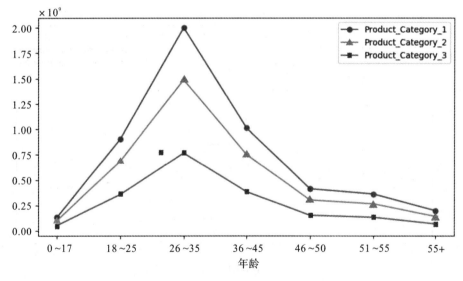

图 8.9　年龄与购买产品类型的关系图

通过图 8.9 能够看出，在 26 岁前，随着年龄的增长，人们对三种类型产品的需求也不断上升；在 35 岁后，随着年龄的增长，人们对三种类型产品的需求不断下降。这充分说明这三种类型的产品的销售对象主要是中青年人群，这样后续营销过程中就可以向目标人群重点推荐。

8.5.3　居住时间与产品类型的关系

在某个城市居住时间的长短对消费者购买产品有一定的影响，这里需要重点分析随着人们居住时间的不断增加，消费者对不同类型产品的需求趋势呈现什么样的走向，具体代码如下：

```
bf_S1=bf.groupby(['Stay_In_Current_City_Years'])['Purchase'].sum()
bf_S2=bf[bf["Product_Category_2"]>0]
bf_S2=bf_S2.groupby(['Stay_In_Current_City_Years'])['Purchase'].sum()
bf_S3=bf[bf["Product_Category_3"]>0]
bf_S3=bf_S3.groupby(['Stay_In_Current_City_Years'])['Purchase'].sum()
fig=plt.figure(figsize=(9, 6));
ax=fig.add_subplot(1, 1, 1)
ticks=ax.set_xticklabels(['0', '1', '2', '3', '4+'])
ax.set_xlabel('Stay_In_Current_City_Years')
ax.legend(loc='best')
ax.plot(bf_S1, marker='o')
ax.plot(bf_S2, marker='*')
ax.plot(bf_S3, marker='.')
ax.legend(['Product_Category_1', 'Product_Category_2', 'Product_Category_3'])
```

居住时间与购买产品类型的关系图如图 8.10 所示。

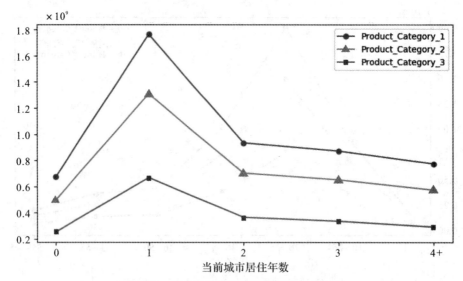

图 8.10　居住时间与购买产品类型的关系图

通过图 8.10 能够看出，在居住时间小于 1 年的情况下，随着居住时间的上升，人们对三种类型产品的需求不断上升；在居住时间大于 1 年的情况下，随着居住时间的上升，人们对三种类型产品的需求逐步下降。这与图 8.9 能够对应起来，因为居住 1 年的多为刚安定下来，并且有较强购买需求的青中年，这类群体正是这三类商品的目标群体。

8.5.4　性别、婚姻状况与产品类型的关系

性别和婚姻状况会对消费者购买产品的类型产生较大的影响，比如，已婚男性购买尿不湿的概率要比未婚男性高得多，下面来分析不同性别和婚姻状况的消费者对哪种类型的产品需求量更大，具体代码如下：

```
bf_gen_mar_sum1 = bf.groupby(['Gender', 'Marital_Status'])['Purchase']
  .sum().reset_index('Marital_Status')
bf_gen_mar_sum2 = bf[bf["Product_Category_2"]>0]
bf_gen_mar_sum2 = bf_gen_mar_sum2.groupby(['Gender', 'Marital_Status'])['Purchase']
  .sum().reset_index('Marital_Status')
bf_gen_mar_sum3 = bf[bf["Product_Category_3"]>0]
bf_gen_mar_sum3 = bf_gen_mar_sum3.groupby(['Gender', 'Marital_Status'])['Purchase']
  .sum().reset_index('Marital_Status')
bf_gen_mar_sum = pd.concat([bf_gen_mar_sum1, bf_gen_mar_sum2, bf_gen_mar_sum3], axis=1)
bf_gen_mar_sum = bf_gen_mar_sum.drop(['Marital_Status'], axis=1)
bf_gen_mar_sum.index=['Female_0', 'Female_1', 'Male_0', 'Male_1']
bf_gen_mar_sum.columns=['Product_Category_1', 'Product_Category_2', 'Product_Category_3']
print(bf_gen_mar_sum)
bf_gen_mar_sum.plot
plt.show()
```

性别、婚姻状况与产品类型之间的需求关系图如图 8.11 所示。

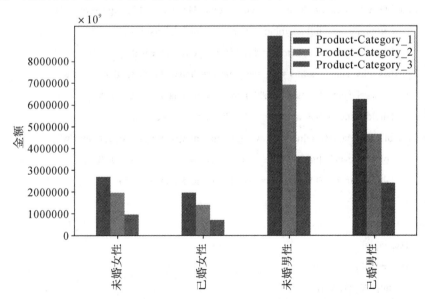

图 8.11　性别、婚姻状况与产品类型之间的需求关系图

通过图 8.11 能够看出，按性别和婚姻状况分类的各群体的消费者对三种产品的偏好为

Product_Category_1 > Product_Category_2 > Product_Category_3。通过上述关系可推测出 Product_Category_1 应为必需品或拥有接近于必需品的属性，而 Product_Category_3 则接近于奢侈品或属于非必需品的类别。其中，还可以看出已婚女性的购买量最少，这很有可能是因为其丈夫一起结账了。

8.5.5 城市与产品类型的关系

不同城市对于不同产品的需求必然存在差异，我们对 BlackFriday 数据进行分析，消费者居住不同城市会对购买产品的类型产生影响，具体代码如下：

```
bf1_city_sum1 = bf.groupby(['City_Category'])['Product_Category_1'].sum()
bf1_city_sum2 = bf.groupby(['City_Category'])['Product_Category_2'].sum()
bf1_city_sum3 = bf.groupby(['City_Category'])['Product_Category_3'].sum()
bf1_city_sum1
fig=plt.figure(figsize=(12, 5));
#图形位置与标题
ax1=fig.add_subplot(1, 3, 1)
ax2=fig.add_subplot(1, 3, 2)
ax3=fig.add_subplot(1, 3, 3)
ax1.set_title('Product_Category_1')
ax2.set_title('Product_Category_2')
ax3.set_title('Product_Category_3')
#作图
ax1.pie(bf1_city_sum1, radius=0.7, wedgeprops=dict(width=0.3, edgecolor='w'),
        colors=['cyan', 'lightskyblue', 'linen', 'yellow'], labels=['A', 'B', 'C'],
        labeldistance = 0.8, autopct='%1.1f%%', pctdistance = 0.5)
ax2.pie(bf1_city_sum2, radius=0.7, wedgeprops=dict(width=0.3, edgecolor='w'),
        colors=['cyan', 'lightskyblue', 'linen', 'yellow'], labels=['A', 'B', 'C'],
        labeldistance = 0.8, autopct='%1.1f%%', pctdistance = 0.5)
ax3.pie(bf1_city_sum3, radius=0.7, wedgeprops=dict(width=0.3, edgecolor='w'),
        colors=['cyan', 'lightskyblue', 'linen', 'yellow'], labels=['A', 'B', 'C'],
        labeldistance = 0.8, autopct='%1.1f%%', pctdistance = 0.5)
#正圆与图例
ax1.axis('equal')
ax2.axis('equal')
ax3.axis('equal')
ax3.legend(['A', 'B', 'C'])
plt.show()
```

城市与产品类型的关系图如图 8.12 所示。

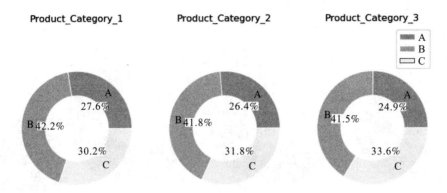

图 8.12　城市与产品类型的关系图

通过图 8.12 能够看出，三座城市分别对三种类型的产品的需求大致相同，其中 B 城的购买力旺盛，是最大的购买力来源。

为了更好地分析不同城市与产品类型以及购买力之间的关系，下面着重生成各个城市的年龄构成情况图，具体代码如下：

```
bf_C = bf.groupby(['City_Category', 'Age']).count().reset_index('Age')
fig=plt.figure(figsize=(14, 8));
ax1=fig.add_subplot(1, 3, 1)
ax2=fig.add_subplot(1, 3, 2)
ax3=fig.add_subplot(1, 3, 3)
ax1.set_title('A')
ax2.set_title('B')
ax3.set_title('C')
ax1.pie(bf_C.iloc[0:7, 2], radius=0.5, wedgeprops=dict(width=0.3, edgecolor='w'),
        colors=['cyan', 'lightskyblue', 'linen', 'y', 'grey', 'olive', 'orange'],
        autopct='%1.1f%%', pctdistance = 0.7)
ax2.pie(bf_C.iloc[7:14, 2], radius=0.5, wedgeprops=dict(width=0.3, edgecolor='w'),
        colors=['cyan', 'lightskyblue', 'linen', 'y', 'grey', 'olive', 'orange'],
        autopct='%1.1f%%', pctdistance = 0.7)
ax3.pie(bf_C.iloc[14:23, 2], radius=0.5, wedgeprops=dict(width=0.3, edgecolor='w'),
        colors=['cyan', 'lightskyblue', 'linen', 'y', 'grey', 'olive', 'orange'],
        autopct='%1.1f%%', pctdistance = 0.7)
ax1.axis('equal')
ax2.axis('equal')
ax3.axis('equal')
ax3.legend(['0-17', '18-25', '26-35', '36-45', '46-50', '51-55' , '55+'], loc="best")
plt.show()
```

不同城市年龄构成情况如图 8.13 所示。

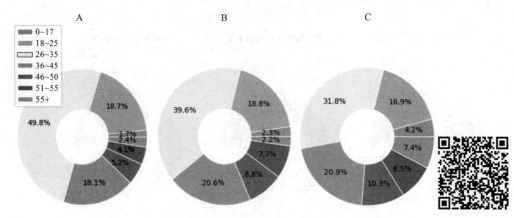

图 8.13　不同城市年龄构成情况

　　通过图 8.13 能够看出，A 城接近 50% 的人口是 26～35 岁的群体，18～45 岁的群体达 86.6%，但是 A 城的购买力却是最低的，这说明 A 城是一个很年轻的城市，经济实力不是很强，但具有十分大的发展和消费潜力。B 城是一个比较健壮的城市，购买力旺盛，青壮年是人口的主要组成部分。C 城则是接近老龄化的城市，46 岁以上人口占 26.2%，因为其 0～17 岁群体占 4.2%，是三者中最高的，其婴幼儿用品、少年书籍等需求较高，所以购买力位居第二。

　　在具体分析的过程中，不仅要考虑年龄因素，还要考虑性别和婚姻状况因素，为了更清晰地向大家展示各个城市间的人口构成，通过下面的代码画出环形图，具体如下：

```
plt.figure(figsize=(10, 7))

plt.pie(bf_C.iloc[0:7, 2], radius=0.5, wedgeprops=dict(width=0.3, edgecolor='w'), colors=['cyan',
'lightskyblue', 'linen', 'y', 'grey', 'olive', 'orange'], autopct='%1.1f%%', pctdistance = 0.5)

plt.pie(bf_C.iloc[7:14, 2], radius=0.7, wedgeprops=dict(width=0.3, edgecolor='w'), colors=['cyan',
'lightskyblue', 'linen', 'y', 'grey', 'olive', 'orange'], autopct='%1.1f%%', pctdistance = 0.8)

plt.pie(bf_C.iloc[14:23, 2], radius=1, wedgeprops=dict(width=0.3, edgecolor='w'), colors=['cyan',
'lightskyblue', 'linen', 'y', 'grey', 'olive', 'orange'], autopct='%1.1f%%', pctdistance = 1.1)

plt.text(0, 0.8, "C")

plt.text(0, 0.55, "B")

plt.text(0, 0.3, "A")

plt.tight_layout()

plt.legend(['0-17', '18-25', '26-35', '36-45', '46-50', '51-55' , '55+'], loc="best")

plt.axis('equal')

plt.title('Gender & Marital_Status')

plt.show()
```

不同城市人口结构环形图如图 8.14 所示。

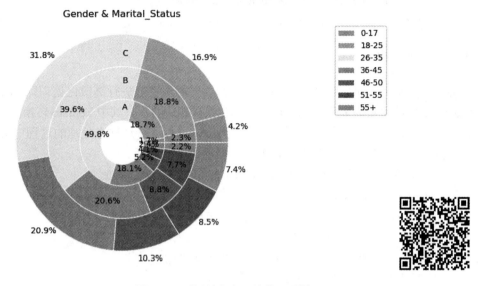

图 8.14　不同城市人口结构环形图

通过上述分析与总结，得出如下结论：

(1) 本次黑色星期五活动中，最为畅销的商品是 P00025442 产品，其次是 P00110742 及 P000255842。可以将爆款单品陈列在最主要的位置，这样可以为其他商品引流。

(2) 仓库管理需要针对消费需求旺盛的城市 B 提前备货，这样能够节省调度时间，提升用户体验。

(3) 城市 A 和 B 的高端消费者比较多，这部分人群消费能力强，所以平台需要有针对性地去维护好这些重点客户，增强品牌意识。

(4) C 城市购买力是最低的，可以将目标锁定在销量提升上，下次活动前，可以针对城市 C 策划大型促销活动，拉动消费，吸引人气，达到提升销量的目的。

(5) 此次"黑色星期五"活动，26~35 岁未婚男性用户为购物主力军。平台可针对该年龄段未婚男性用户赠送优惠券，或其他优惠方案，以保持这部分购物主力军的粘性。

8.6　构建随机森林模型

前面部分对 BlackFriday 数据进行了深度分析，当然这是对已有数据进行分析总结，并不能够起到预测的作用，下面我们将构建随机森林模型来预测不同人群对不同产品的购买行为。

想要使用随机森林模型，需要导入下面的内容：

```
from sklearn.model_selection import train_test_split
from sklearn.model_selection import GridSearchCV
from sklearn.model_selection import learning_curve
from sklearn.preprocessing import LabelEncoder
from sklearn.preprocessing import StandardScaler
```

```
from sklearn.ensemble import RandomForestRegressor
from sklearn.metrics import mean_squared_error
```

8.6.1 特征工程

为了能够更好地进行后续的模型训练，需要对相关特征进行离散化处理。User_ID 和 Product_ID 属性用整数来表征；性别属性也转换成相应数字，其中 Female 转换为 0，Male 转换为 1；对年龄、居住城市、居住时间进行 one-hot 编码，这样在处理的过程中就可以用这些新的特征来替代原有年龄、居住城市、居住时间等特征。

```
#分别用整数表示 User_ID 和 Product_ID 的不同字符的离散属性值
le_UID = LabelEncoder()
bf['User_ID'] = le_UID.fit_transform(bf['User_ID'])
le_PID = LabelEncoder()
bf['Product_ID'] = le_PID.fit_transform(bf['Product_ID'])
#将性别转化为数字表示，Female: 0，Male: 1
bf['Gender'] = np.where(bf['Gender']=='M', 1, 0)
#对年龄、居住城市、居住时间进行 one-hot 编码
bf_Age = pd.get_dummies(bf.Age)
bf_CC = pd.get_dummies(bf.City_Category)
bf_SICY = pd.get_dummies(bf.Stay_In_Current_City_Years)
#替换 bf 中对应的列
bf_encoded = pd.concat([bf, bf_Age, bf_CC, bf_SICY], axis=1)
bf_encoded.drop(['Age', 'City_Category', 'Stay_In_Current_City_Years'], axis=1, inplace=True)
print(bf_encoded.head(5))
```

特征工程结果图如图 8.15 所示。

	User_ID	Product_ID	Gender	Occupation	Marital_Status	...	0	1	2	3	4+
0	0	670	0	10	0	...	0	0	1	0	0
1	0	2374	0	10	0	...	0	0	1	0	0
2	0	850	0	10	0	...	0	0	1	0	0
3	0	826	0	10	0	...	0	0	1	0	0
4	1	2732	1	16	0	...	0	0	0	0	1

图 8.15　特征工程结果图

8.6.2 模型训练

1. 提取最小特征集

想要进行模型训练，必然需要从数据集中选择合适的训练集和测试集。对于所有训练集来说，需要给定相应的标签。在划分训练集和测试集的过程中需要用到 train_test_split 函数，它可以帮助我们极大地减轻工作量。在模型训练之前，需要对每一个特征维度进行

去均值和方差归一化，这样才能更好地完成模型训练工作。

```
#提取 1/50 训练模型
df_frac =bf_encoded.sample(frac=0.02, random_state=100)
X = df_frac.drop(['Purchase'], axis=1)
y = df_frac['Purchase']
# train_test_split 函数用于将矩阵随机划分为训练子集和测试子集，并返回划分好的训练集测试
集样本和训练集测试集标签
X_train, X_test, y_train, y_test = train_test_split(X, y, random_state=100)
#针对每一个特征维度进行去均值和方差归一化
scaler = StandardScaler().fit(X_train)
X_train_scaled = scaler.transform(X_train)
X_test_scaled = scaler.transform(X_test)
```

2. GridSearchCV 与参数优化

在模型训练的过程中，参数的选择具有至关重要的作用，它在很大程度上决定了模型应用的效果。GridSearchCV 存在的意义就是自动调参，只要把参数输进去，就能给出最优化的结果和参数。不过这个方法适用于小数据集，一旦数据的量级上去了，就很难得出结果。数据量比较大的时候可以使用一个快速调优的方法——坐标下降，它其实是一种贪心算法：选择当前对模型影响最大的参数调优，直到最优化；再拿下一个影响最大的参数调优，如此循环，直到所有的参数调整完毕。这个方法的缺点就是可能会调到局部最优而不是全局最优的结果，但是它省时间、省力，还是值得尝试的，后续可以进行进一步优化。

GridSearchCV 参数说明如下：

Class　sklearn.model_selection.GridSearchCV(estimator,　param_grid,　scoring=None, fit_params=None, n_jobs=1, iid=True, refit=True, cv=None, verbose=0, pre_dispatch='2*n_jobs', error_score='raise', return_train_score='warn')

(1) estimator 是选择使用的分类器，并且传入除需要确定最佳的参数之外的其他参数。每一个分类器都需要一个 scoring 参数或者 score 方法，如下：

estimator=RandomForestClassifier(min_samples_split=100,　　　　　　　min_samples_leaf=20, max_depth=8, max_features='sqrt', random_state=10)

(2) param_grid 是需要最优化的参数的取值，值为字典或者列表，例如 param_grid =param_test1，param_test1 = {'n_estimators':range(10, 71, 10)}。

(3) scoring=None 是模型评价标准，默认为 None(使用 estimator 的误差估计函数)，这时需要使用 score 函数；或者如 scoring='roc_auc'，所选模型不同，评价准则也会不同。

(4) cv=None 是交叉验证参数，默认为 None，使用三折(3-fold)交叉验证。指定 fold 数量，默认为 3，也可以是 yield 训练/测试数据的生成器。

sklearn 里面的 GridSearchCV 用于系统地遍历多种参数组合，通过交叉验证确定最佳效果参数。

(1) 迭代次数 n_estimators。

```
#交叉验证 cv 默认=3，评分函数 scoring：neg_mean_squared_error
```

```
#param_test1 = {'n_estimators':[1, 3, 10, 30, 90, 100, 110, 150]}
param_test1 = {'n_estimators':[1, 3, 10, 30, 90, 100, 110, 150, 300]}
#param_test1 = {'n_estimators':[1, 3, 10, 30, 90, 100, 110, 150, 300, 330]}
grid_rf = GridSearchCV(RandomForestRegressor(), param_grid=param_test1, cv=3,
        scoring = 'neg_mean_squared_error').fit(X_train_scaled, y_train)
#画出交叉验证的均方根误差(RMSE)得分
plt.figure()
plt.plot(list(param_test1.values())[0], (-1*grid_rf.cv_results_['mean_test_score'])**0.5)
plt.xlabel('Number of trees')
plt.grid()
plt.ylabel('3-fold CV RMSE')
plt.show()
print('Best parameter: {}'.format(grid_rf.best_params_))
print('Best score: {:.2f}'.format((-1*grid_rf.best_score_)**0.5))
```

3-fold 交叉验证均方误差得分如图 8.16 所示。

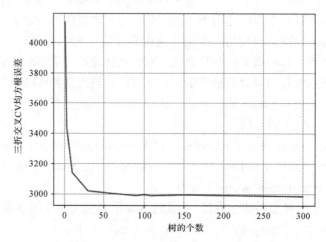

图 8.16　3-fold 交叉验证均方误差得分

在计算迭代次数的过程中，param_test1 是非常重要的参数，上述代码中分别给出了三个不同的 param_test1，选择不同的 param_test1，求出的迭代次数 n_estimators 和均方误差得分都不一样。

当 param_test1 = {'n_estimators':[1, 3, 10, 30, 90, 100, 110, 150, 300]}时，经过计算，它的最优参数和最优得分分别如下：

Best parameter: {'n_estimators': 300}

Best score: 2985.50

通过图 8.16 能够看出，n_estimators 在 100 后逐渐稳定在 3000 附近，继续提高迭代次数，并未能获得更大程度上较佳效果的 RMSE，且耗费近 3 倍时间成本，故 n_estimators=110 是最优解。

(2) 最小样本数和叶子节点最少样本数。

```
# param_test2 = {'n_estimators':[1, 3, 10, 30, 100, 150, 300, 330], 'max_depth':[1, 3, 5, 7, 9]}
param_test2= {'max_depth':range(3, 14, 2), 'min_samples_split':range(30, 201, 20)}
grid_rf = GridSearchCV(RandomForestRegressor(n_estimators=110),
param_grid=param_test2, cv=3, scoring='neg_mean_squared_error').
fit(X_train_scaled, y_train)
#param_test2= {'max_depth':range(3, 14, 2), 'min_samples_split':range(30, 201, 20)}
print('Best parameter: {}'.format(grid_rf.best_params_))
print('Best score: {:.2f}'.format((-1*grid_rf.best_score_)**0.5))
```

当 param_test2= {'max_depth':range(3, 14, 2), 'min_samples_split':range(30, 201, 20)}时，经过计算，它的最优参数和最优得分分别如下：

```
Best parameter: {'max_depth': 11, 'min_samples_split': 90}
Best score: 2957.99
```

(3) 最大特征数 max_features。

```
param_test3= {'max_features':range(1, 23, 1)}
grid_rf = GridSearchCV(RandomForestRegressor(n_estimators=110,
max_depth=13,  min_samples_split=50),  param_grid  =  param_test3,  cv=3,  scoring='neg_mean
_squared_error') fit(X_train_scaled, y_train)
print('Best parameter: {}'.format(grid_rf.best_params_))
print('Best score: {:.2f}'.format((-1*grid_rf.best_score_)**0.5))
#对于不同大小的训练集，确定训练和测试的分数
train_sizes, train_scores, test_scores = learning_curve(RandomForestRegressor
(max_depth=13, min_samples_split=50, n_estimators=110), X_train_scaled, y_train,
cv=3, scoring='neg_mean_squared_error')
```

经过计算，当 param_test3= {'max_features':range(1, 23, 1)}时，它的最优参数和最优得分分别如下：

```
Best parameter: {'max_features': 20}
Best score: 2952.88
```

经过多次实验发现限定最大特征数，并未能有效降低 RMSE，因此在实验过程中可以考虑不设置 max_features。这样，经过优化之后的参数为 n_estimators=110、max_depth=11、min_samples_split=90。

8.6.3　模型优化

在模型构建完成之后，需要根据实际情况对模型进行优化，选择不同大小的训练集，来确定训练和测试的分数。

1. 学习曲线

下面的代码实现学习曲线。

```
#对于不同大小的训练集，确定训练和测试的分数
train_sizes, train_scores, test_scores = learning_curve(RandomForestRegressor
```

```
(max_depth=13, min_samples_split=50, n_estimators=110), X_train_scaled, y_train, cv=3,
scoring='neg_mean_squared_error')
#均值归一化
train_scores = (-1*train_scores)**0.5
test_scores = (-1*test_scores)**0.5
train_scores_mean = np.mean(train_scores, axis=1)
train_scores_std = np.std(train_scores, axis=1)
test_scores_mean = np.mean(test_scores, axis=1)
test_scores_std = np.std(test_scores, axis=1)
#画出得分曲线
plt.figure()
plt.plot(train_sizes, test_scores_mean, label='test', linewidth=5)
plt.plot(train_sizes, train_scores_mean, label='train', linewidth=1)
plt.grid()
plt.xlabel('样本数量')
plt.ylabel('RMSE')
plt.legend()
plt.show()
```

样本数量与 RMSE 得分关系图如图 8.17 所示。

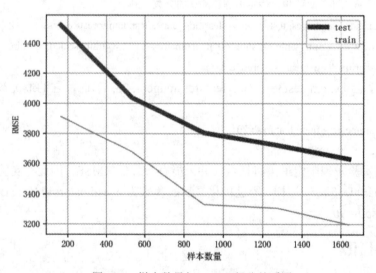

图 8.17   样本数量与 RMSE 得分关系图

2. 整体模型训练

下面的代码实现整体模型训练。

```
X = bf_encoded.drop(['Purchase'], axis=1)
y = bf_encoded['Purchase']
X_train, X_test, y_train, y_test = train_test_split(X, y, random_state=100)
```

```
#标准化
scaler = StandardScaler().fit(X_train)
X_train_scaled = scaler.transform(X_train)
X_test_scaled = scaler.transform(X_test)
#整个数据集输入到模型中
rf = RandomForestRegressor(max_depth=13,
min_samples_split=50, n_estimators=110).fit(X_train_scaled, y_train)
y_predicted = rf.predict(X_test_scaled)
print('Test set RMSE: {:.3f}'.format(mean_squared_error(y_test, y_predicted)**0.5))
```

运行结果如下：

Test set RMSE: 2747.375

本 章 小 结

　　本章以美国"黑色星期五"购物节为例对零售行业顾客购物篮进行深度分析，从历史交易数据入手分析用户购买行为，研究不同用户对不同商品的购买行为，构建随机森林和关联规则模型，为下一次"黑色星期五"及未来销售活动提供参考和借鉴。

第 9 章　数据挖掘在中文文本分类中的应用

9.1　背景与挖掘目标

随着互联网和信息技术的快速发展，网络中产生了海量的文本信息，这些信息均是散乱存在的，这给用户快速查找、浏览文本信息，以及获取有价值信息带来了诸多不便；且传统的人工分类方式耗时耗力，存在着文本分类结果一致性较低的问题。鉴于此，自动文本分类技术应运而生，它是信息检索和文本挖掘的重要基础，其主要任务是在预先给定一组训练文本文档和其所属类别的情况下，根据新文本文档的内容判定其所属的类别，并将其归入到相对应的类别中。通过自动文本分类技术对海量文本信息进行归纳、组织，形成具体的类别，为用户快速查找与浏览所感兴趣的信息提供了高效快捷的方式，也带来了极大的便利。

本例主要的研究对象是中文文本，即新闻文本数据。该数据集主要包含 10 个文本类别，共计 3173 篇文档。依据上述所提供的中文文本数据，试着分析如下目标：

(1) 选定适当的测试文本数据集，判别出其所属的文本类别，并进行输出。

(2) 根据所测试的文本类别结果，统计出文本分类的准确率、召回率等指标，以评价文本分类的效果。

9.2　加载文本分类数据集

在利用数据挖掘算法对所采集的新闻文本数据进行模型构建前，还需要准备好待处理的数据集。它主要包含这几个步骤：使用网络爬虫采集新闻文本数据，加载数据集，数据清洗，提取新特征等。下面将详细介绍每一个步骤。

9.2.1　待加载数据集

待加载供分类处理的数据为新闻文本数据，共计 10 个类别，且每一个类别下含几百条文本，具体分别如图 9.1 与图 9.2 所示。

此电脑 › 新加卷 (D:) › News-classification-master › data › raw_data

名称	修改日期	类型
baby	2017/7/13 19:30	文件夹
car	2017/7/13 19:30	文件夹
food	2017/7/13 19:30	文件夹
health	2017/7/13 19:30	文件夹
legend	2017/7/13 19:30	文件夹
life	2017/7/13 19:30	文件夹
love	2017/7/13 19:30	文件夹
news	2017/7/13 19:30	文件夹
science	2017/7/13 19:30	文件夹
sexual	2017/7/13 19:30	文件夹

图 9.1　网络爬虫采集的新闻文本数据

此电脑 › 新加卷 (D:) › News-classification-master › data › raw_data › baby

名称	修改日期	类型	大小
0.txt	2017/7/13 19:30	文本文档	2 KB
1.txt	2017/7/13 19:30	文本文档	3 KB
2.txt	2017/7/13 19:30	文本文档	2 KB
3.txt	2017/7/13 19:30	文本文档	2 KB
4.txt	2017/7/13 19:30	文本文档	2 KB
5.txt	2017/7/13 19:30	文本文档	2 KB
6.txt	2017/7/13 19:30	文本文档	2 KB
7.txt	2017/7/13 19:30	文本文档	2 KB
8.txt	2017/7/13 19:30	文本文档	4 KB
9.txt	2017/7/13 19:30	文本文档	2 KB
10.txt	2017/7/13 19:30	文本文档	2 KB
11.txt	2017/7/13 19:30	文本文档	2 KB
12.txt	2017/7/13 19:30	文本文档	2 KB
13.txt	2017/7/13 19:30	文本文档	2 KB
14.txt	2017/7/13 19:30	文本文档	2 KB
15.txt	2017/7/13 19:30	文本文档	2 KB
16.txt	2017/7/13 19:30	文本文档	2 KB
17.txt	2017/7/13 19:30	文本文档	2 KB
18.txt	2017/7/13 19:30	文本文档	2 KB
19.txt	2017/7/13 19:30	文本文档	2 KB
20.txt	2017/7/13 19:30	文本文档	2 KB
21.txt	2017/7/13 19:30	文本文档	2 KB
22.txt	2017/7/13 19:30	文本文档	2 KB
23.txt	2017/7/13 19:30	文本文档	2 KB
24.txt	2017/7/13 19:30	文本文档	5 KB

图 9.2　每个类别下的新闻文本数据

每条新闻文本都存放在 txt 文本文档中，例如类别 baby 中 0.txt 存放的第一条新闻内容如图 9.3 所示。

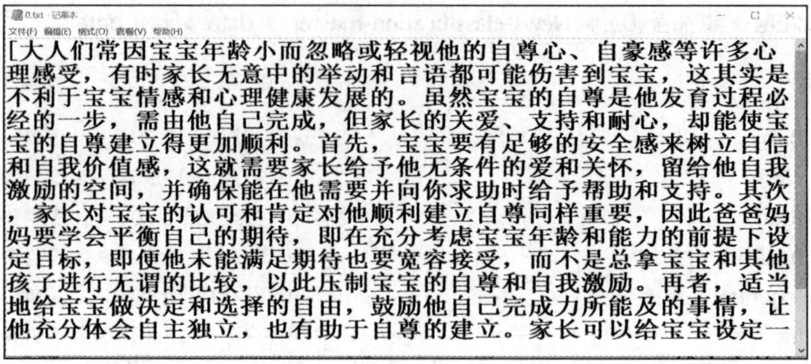

0.txt - 记事本
文件(F) 编辑(E) 格式(O) 查看(V) 帮助(H)

[大人们常因宝宝年龄小而忽略或轻视他的自尊心、自豪感等许多心理感受，有时家长无意中的举动和言语都可能伤害到宝宝，这其实是不利于宝宝情感和心理健康发展的。虽然宝宝的自尊是他发育过程必经的一步，需由他自己完成，但家长的关爱、支持和耐心，却能使宝宝的自尊建立得更加顺利。首先，宝宝要有足够的安全感来树立自信和自我价值感，这就需要家长给予他无条件的爱和关怀，留给他自我激励的空间，并确保能在他需要并向你求助时给予帮助和支持。其次，家长对宝宝的认可和肯定对他顺利建立自尊同样重要，因此爸爸妈妈要学会平衡自己的期待，即在充分考虑宝宝年龄和能力的前提下设定目标，即便他未能满足期待也要宽容接受，而不是总拿宝宝和其他孩子进行无谓的比较，以此压制宝宝的自尊和自我激励。再者，适当地给宝宝做决定和选择的自由，鼓励他自己完成力所能及的事情，让他充分体会自主独立，也有助于自尊的建立。家长可以给宝宝设定一

图 9.3　某条新闻文本数据

9.2.2　加载文本数据

读取 9.2.1 小节的中文文本数据，查看数据的详情信息，例如文本类别、各个类别下的文本数量等信息。

```
dir = {'baby': 129, 'car': 410, 'food': 409, 'health': 406, 'legend': 396, 'life': 409, 'love': 158, 'news': 409,
'science': 409, 'sexual': 38}
#设置词典，分别是类别名称和该类别下总共包含的文本数量
data_file_number = 0
#当前处理文件索引数
for world_data_name, world_data_number in dir.items():
    #将词典中的数据分别复制到 world_data_name 及 world_data_number 中
    while (data_file_number < world_data_number):
        print(world_data_name)
        print(world_data_number)
        print(data_file_number)
        #打印文件索引信息
file=open('../data/raw_data/'+world_data_name+'/'+str(data_file_number)+'.txt', 'r', encoding='UTF-8')
```

9.2.3　文本分类数据清洗

数据清洗的步骤如下：

(1) 对 9.2.1 节所获取的新闻文本数据进行数据清洗，主要步骤有：去除非中文字符，文本分词，加载停用词集，去除停用词，以及去除长度小于 1 且大于 5 的词等。具体代码如下：

```
import jieba
file_w=open('../data/train_data/'+world_data_name+'/'+str(data_file_number)+'.txt',  'w',  encoding=
        'UTF-8')
for line in file:
 #读取停用词放在列表中
```

```
stoplist={}.fromkeys([ line.strip() for line in open("../data/stopword.txt",
encoding= 'UTF-8') ])
#①使用 jieba 分词精确模式对文本进行分词，并存放在相应的 txt 文本中
 seg_list = jieba.lcut(line, cut_all=False)
#②使用停用词表 stopword.txt 去除文本中的停用词，去除非中文字符以及保留长度 1~5 的词
seg_list = [word for word in list(seg_list) if word not in stoplist and not word.isdigit()and 1 <=
len(word) <= 5]
print("Default Mode:", "/ ".join(seg_list))
```

例如，science 类别下一段文本分词后的效果如下：

Default Mode: 坦率地/ 说/ 一望/ 即知/ 钓鱼/ 帖子/ 最后/ 能/ 成为/ 经久不息/ 谣言/ 出人意料/ 暂且/ 秋裤/ 一种/ 保暖/ 衣物/ 衣服/ 区别/ 吗/ 穿/ 秋裤/ 真的/ 有损/ 抗寒/ 能力/ 秋衣/ 毛裤/ 羽绒服/ 帽子/ 手套/ 棉靴/ 难不成/ 都/ 阴谋/ 热炕/ 暖气/ 空调/ 呢/

```
#③将经过分词与去除停用词之后的文本分别存放在对应各个类别下的 txt 文本中
 for i in range(len(seg_list)):
        file_w.write(str(seg_list[i])+'\n')
        #分完词分行输入到文本中
        file_w.write(str(seg_list))
        print(line, end=")
file_w.close()
file.close()
```

经过非中文字符、分词与停用词处理后，各个类别下的文本效果如图 9.4 所示，这里以类别 science 下的一篇文本为例。

图 9.4　各个类别下的文本效果

(2) 定义函数 TextProcessing()对上述步骤(1)所获取的数据进行读取、类型转换以及训练数据集与测试数据集的划分操作。具体代码如下：

```
def TextProcessing(folder_path, test_size=0.2):
```

```
#①数据类型转换
folder_list = os.listdir(folder_path)
        class_list = []              #存储文本类别标签
        data_list = []               #存储分完词、去除停用词等清洗工作之后的每一个文本
        #类间循环
        for folder in folder_list:
            new_folder_path = os.path.join(folder_path, folder)
            files = os.listdir(new_folder_path)
            #类内循环
            j = 0
            for file in files:
                raw=""    #存储每一条经分词、停用词等处理后的文本(词与词之间以空格隔开)
                with open(os.path.join(new_folder_path, file), 'r', encoding='UTF-8') as fp:
                    for line in fp.readlines():              #依次读取每行
                        line = line.strip()                  #去掉每行头尾空白
                        if not len(line) or line.startswith('#'):  #判断是否为空行或注释行
                            continue                         #如果是空行或注释行，则跳过不处理
                        raw += line+""                       #保存
                print(raw)
                data_list.append(raw)#经数据清洗处理后的文本数据
                class_list.append(folder)#文本类别标签
```

每一条文本经过类型转换后转换为一个字符串，词与词之间以空格隔开，效果如下：
日前 北京 奔驰 汽车 有限公司 梅赛德斯 - 奔驰 中国 汽车 销售 有限公司 《 缺陷 汽车 产品 召回 管理条例 》 要求 国家 质检 总局 备案 召回 计划 将 自即日起 召回 以下 车辆 共计 1479 辆 北京 奔驰 汽车 有限公司 召回 部分 2016 年 10 月 25 日至 2016 年 12 月 日 生产 GLA 级 车辆 共计 533 辆 二 梅赛德斯 - 奔驰 中国 汽车 销售 有限公司 召回 部分 2016 年 月 日至 2016 年 10 月 17 日 生产 进口 A 级 B 级 CLA 级 GLA 级 车辆 共计 946 辆 本次 召回 范围 内 部分 车辆 供 应商 生产 制造 偏差 安全气囊 点火器 中 推进剂 混合 比例 未 达到 要求 导致 车辆 发生 碰撞 时 安全气囊 不能 正常 打开 增加 乘客 受伤 风险 存在 安全隐患 北京 奔驰 汽车 有限公司 梅赛 德斯 - 奔驰 中国 汽车 销售 有限公司 将 召回 范围 内 车辆 免费 更换 气囊 模块 消除 安全隐患 梅赛德斯 - 奔驰 授权 服务中心 将 通过 挂号信 等 方式 通知 客户 召回 事宜 用户 通过 座机 手 机 拨打 服务 热线 400 - 818 - 1188 进行 咨询 车主 登录 国家 质检 总局 缺陷 产品 管理中心 网站 www dpac gov cn 关注 微信 公众 号 AQSIQDPAC 了解 更 多 信息 可拨打 缺陷 产品 管理中心 热 线电话 010 - 59799616 地方 出入境 检验 检疫 机构 质量 热线 12365 转 号键 反映 召回 活动 实施 过程 中 问题 提交 缺陷 线索 来源 国家 质量 监督 检验 检疫 总局

```
#②按照二八法则将新闻文本数据集划分成训练数据集和测试数据集，其中80%为训练集，20%为测试集
    """
        分隔训练集和测试集
        size = 0.8
```

表示按二八法则分隔数据集，80%为训练集，20%为测试集

```
    """
    train_data_list,        test_data_list,        train_class_list,        test_class_list=
model_selection.train_test_split(data
    _list1, class_list, test_size=0.2, random_state=1)
    #输出显示处理后的训练数据集
    print(train_data_list)
    #输出显示处理后的训练数据集中的每一个文本内容
    for list in train_data_list:
    print(list)
    #返回分隔后的训练数据集和测试数据集
    return train_data_list, test_data_list, train_class_list, test_class_list
```

输出显示训练集中的每一个文本内容如下：

穿 羊毛 会 伤害 动物 发现 皮草 血腥 挺身 反对 皮草 制品 时候 不要 忽视 一种 动物 皮毛 正在 残酷 消费 —— 羊毛 剃 毛前 停止 进食 饮水 剃 毛时 割伤 拖拽 殴打 踩踏 绵羊 身心 都 会 严 重 伤害 折磨 致死 沉默 一起 绵羊 发声 拒绝 羊毛 制品 专门 培育 来产 羊毛 绵羊 长时间 剪羊 毛 会 影响 散热 滋生 寄生虫 还会 遮挡 视线 会 损害 健康 剪毛 一种 人工 强制措施 肯定 对 动 物 会 伤害 产生 应激反应 致死 现代 饲养 技术 会 尽量避免 这种 事情 发生 绵羊 本来 培育 来 产 羊毛 都 不用 羊毛 制品 农民 养羊 干嘛 绵羊 肯定 宰 涮羊肉 专门 产毛 绵羊 不会 褪毛 毛会 一直 长 剪 会 越来越 厚 长此以往 会 影响 散热 滋生 寄生虫 还会 遮挡 视线 偶尔 溜出 牧场 绵 羊 最后 都 会 变成 怪物 剪毛 一种 人工 强制措施 肯定 对 动物 会 伤害 产生 应激反应 致死 农 业 技术 里 说 绵羊 剪毛 发生 一种 急性 致死 突发 病 叫 绵羊 剪 毛病 多发 幼年 细毛羊 尤 首 次 剪毛 者 甚 成年 羊 次之 粗毛羊 发生 本病 不能 及时发现 治疗 死亡率 可达 100% 剪毛 过程 中 一定 要 注意 绵羊 早已 驯化 家畜 对 折腾 已经 相当 适应 剪 完 羊毛 羊死 一大半 太 折本 剪毛 注意事项 剪毛 前应 空腹 12 ～ 24 小时 剪毛 前 采食 饮水 空腹 剪毛 雨淋 湿 羊 应 羊毛 晾干 再剪 湿 毛毯 剪 剪下 毛 不好 保管 剪毛 剪应 贴近 皮肤 均匀 地 羊毛 一次 剪下 留茬 要 低 若毛 茬 过 高 不要 重剪 造成 二刀 毛 影响 羊毛 利用 剪毛 时 注意 不要 粪土 杂草 等 混入 羊毛 毛 应 保持 完整 以利于 羊毛 分级 分等 剪毛 动作 要 快 时间 不宜 拖 太久 翻羊 动作 要 轻 引起 瘤胃 臌气 肠 扭转 造成 应有 损失 尽可能 防止 剪伤 皮肤 种 公羊 包皮 阴囊 母羊 乳房 等 处 皮肤 柔软 要 特别 注意 防止 剪伤 剪破要 及时 消毒 涂药 外科 缝合 生 蛆 溃烂 剪毛 不 可 立即 茂盛 草地 放牧 剪毛 前羊 禁食 十几个 小时 放牧 易 贪食 往往 引起 消化道 疾病 剪毛 一周 内 不宜 远牧 以防 气候 突变 来不及 赶回 圈舍 引起 感冒 不要 强烈 日光 放牧 灼伤 皮肤 都 避免出现 绵羊 伤亡 直接 关系 牧场主 利益 内容 来源 剃 羊毛 对 动物 伤害 大 南川 木菠萝 果壳 网 问答

9.2.4　提取新特征与文本向量化表示

经过分隔操作后形成的训练数据集和测试数据集并不能直接用于文本分类模型的训练与预测，此时，还需要将这些数据进行特征抽取与文本向量化表示。

1. 文本特征抽取

文本特征抽取主要是从原始文本数据中抽取出既能有效表达当前文本主题，又能较好地与其他文本区分开的词语作为特征词。目前，文本特征抽取方法主要有：文档频率(Document Frequency，DF)、互信息(Mutual Information，MI)、信息增益(Information Gain，IG)、卡方统计(Chi-square，CHI)以及加权对数自然法(Weighted Log Likelihood Ration，WLLR)等。下面介绍互信息和信息增益两种方法。

(1) 互信息：主要用于衡量特征词与文档类别之间的信息量。其计算公式如下：

$$\text{MI}(t_i, C_j) = \log \frac{p(t_i \mid C_j)}{p(t_i)} = \log(p(t_i \mid C_j)) - \log(p(t_i)) \tag{9-1}$$

式中，$\text{MI}(t_i, C_j)$表示第 i 个特征词 t_i 与第 j 个类别 C_j 之间的互信息，代表特征词与类别之间的关联程度，度量了词 t_i 的存在与否给类别 C_i 带来的信息量。其中，$p(t_i)$表示文档训练集中包含词 t_i 的概率，$p(t_i \mid C_j)$表示文本属于类别 C_j，包含词 t_i 的条件概率。

从公式(9-1)可得知，如果某个特征词出现频率较低，那么互信息值就会很高，相反，若出现频率较高，则互信息值就会很低。因此，互信息法比较适用于"低频"的特征词，对于那些出现频率较高且携带丰富信息量的特征词不太适用。

(2) 信息增益：主要在某个特征词的缺失与存在这两种情况下，统计语料库中前后信息的增加量，以此来衡量某个特征词的重要性。其计算公式如下：

$$\text{IG}(t_i) = \sum_{j=1}^{m} p(t_i, C_j) \text{MI}(t_i, C_j) + \sum_{j=1}^{m} p(\overline{t_i}, C_j) \text{MI}(\overline{t_i}, C_j) \tag{9-2}$$

式中，$p(t_i, C_j)$表示第 i 个特征词 t_i 和第 j 个类别 C_j 对应的概率，$\overline{t_i}$ 是非 t_i。

本小节主要采用互信息和信息增益两种方法对文本进行特征抽取。具体算法实现代码如下面的 feature_selection.py 所示。

```python
import os
import sys
import numpy as np
def get_term_dict(doc_terms_list):
    term_set_dict = {}
    for doc_terms in doc_terms_list:
        for term in doc_terms.split():
            print(term)
            term_set_dict[term] = 1
    term_set_list = sorted(term_set_dict.keys())   # term_set 排序后，按照索引做出字典
    term_set_dict = dict(zip(term_set_list, range(len(term_set_list))))
    return term_set_dict
def get_class_dict(doc_class_list):
    class_set = sorted(list(set(doc_class_list)))
    class_dict = dict(zip(class_set, range(len(class_set))))
    return class_dict
```

```
def stats_term_df(doc_terms_list, term_dict):
    term_df_dict = {}.fromkeys(term_dict.keys(), 0)
    for term in term_dict:
        for doc_terms in doc_terms_list:
            if term in doc_terms.split():
                term_df_dict[term] += 1
    return term_df_dict
def stats_class_df(doc_class_list, class_dict):
    class_df_list = [0] * len(class_dict)
    for doc_class in doc_class_list:
        class_df_list[class_dict[doc_class]] += 1
    return class_df_list
def stats_term_class_df(doc_terms_list, doc_class_list, term_dict, class_dict):
    term_class_df_mat = np.zeros((len(term_dict), len(class_dict)), np.float32)
    for k in range(len(doc_class_list)):
        class_index = class_dict[doc_class_list[k]]
        doc_terms = doc_terms_list[k]#
        for term in set(doc_terms.split()):
            term_index = term_dict[term]
            term_class_df_mat[term_index][class_index] += 1
    return term_class_df_mat
def feature_selection_mi(class_df_list, term_set, term_class_df_mat):
    A = term_class_df_mat
    B = np.array([(sum(x) - x).tolist() for x in A])
    C = np.tile(class_df_list, (A.shape[0], 1)) - A
    N = sum(class_df_list)
    class_set_size = len(class_df_list)
    term_score_mat = np.log(((A + 1.0) * N) / ((A + C) * (A + B + class_set_size)))
    term_score_max_list = [max(x) for x in term_score_mat]
    term_score_array = np.array(term_score_max_list)
    sorted_term_score_index = term_score_array.argsort()[:: -1]
    term_set_fs = [term_set[index] for index in sorted_term_score_index]
    return term_set_fs
def feature_selection_ig(class_df_list, term_set, term_class_df_mat):
    A = term_class_df_mat
    B = np.array([(sum(x) - x).tolist() for x in A])
    C = np.tile(class_df_list, (A.shape[0], 1)) - A
    N = sum(class_df_list)
    D = N - A - B - C
```

```
        term_df_array = np.sum(A, axis=1)
        class_set_size = len(class_df_list)
        p_t = term_df_array / N
        p_not_t = 1 - p_t
        p_c_t_mat = (A + 1) / (A + B + class_set_size)
        p_c_not_t_mat = (C + 1) / (C + D + class_set_size)
        p_c_t = np.sum(p_c_t_mat * np.log(p_c_t_mat), axis=1)
        p_c_not_t = np.sum(p_c_not_t_mat * np.log(p_c_not_t_mat), axis=1)
        term_score_array = p_t * p_c_t + p_not_t * p_c_not_t
        sorted_term_score_index = term_score_array.argsort()[:: -1]
        term_set_fs = [term_set[index] for index in sorted_term_score_index]
        return term_set_fs
    def feature_selection(doc_terms_list, doc_class_list, fs_method):
        class_dict = get_class_dict(doc_class_list)
        term_dict = get_term_dict(doc_terms_list)
        class_df_list = stats_class_df(doc_class_list, class_dict)
        term_class_df_mat=stats_term_class_df(doc_terms_list, doc_class_list, term_dict, class_dict)
        term_set = [term[0] for term in sorted(term_dict.items(), key=lambda x: x[1])]
        term_set_fs = []
        if fs_method == 'MI':
            term_set_fs = feature_selection_mi(class_df_list, term_set, term_class_df_mat)
        elif fs_method == 'IG':
            term_set_fs = feature_selection_ig(class_df_list, term_set, term_class_df_mat)
        return term_set_fs
```

对训练数据集进行特征抽取后,得到总的特征词数量为 88 140。由于特征词数量较大,限于篇幅原因,无法较好地展示出来,但可以通过代码编写来实现特征词的输出显示。

2. 文本向量化表示

文本向量化表示主要依据抽取出的特征词计算其在当前文本中的权重,进而使得文本向量化,即变为一维向量,维度为总特征词数。那么,特征词的权重该如何计算呢?通常,会采用 TF-IDF 方法来计算特征词的权重。TF-IDF 方法认为如果某个词或短语在一篇文章中出现的频率高,并且在其他文章中很少出现,那么说明这个词或短语具有很好的类别区分能力,适合用来进行分类。

TF-IDF 本质上为 TF × IDF,其中 TF(Term Frequency)为词频,IDF(Inverse Document Frequency)为逆文档频率。其计算公式如下:

$$TF-IDF_i = TF_{i,j} \times IDF_i \tag{9-3}$$

式中,$TF-IDF_i$ 表示词语 i 的词频 $TF_{i,j}$ 和逆文档频率 IDF_i 的乘积。其值越大,说明该词语对这个文本的重要性越大。

词频(TF)指的是某一个给定的词语在该文件中出现的频率。为防止它偏向长的文件，一般对其做了归一化操作。对于文档中的词语来说，它的重要性可表示为

$$TF_{i,j} = \frac{n_{i,j}}{\sum_k n_{k,j}} \tag{9-4}$$

式中，分子 $n_{i,j}$ 是第 i 个词 t_i 在第 j 个文档 d_j 中出现的次数，分母 $\sum_k n_{k,j}$ 是第 j 个文档 d_j 中所有词的出现次数之和。

逆文档频率(IDF)是对一个词语普遍重要性的度量。词语的 IDF 可以由文档总数目除以包含该词语的文档数目，再将两者的商取对数得到，具体公式如下：

$$IDF_i = \log \frac{|D|}{|\{j : t_i \in d_j\}| + 1} \tag{9-5}$$

式中，$|D|$ 是语料库中的文档总数，$|\{j : t_i \in d_j\}|$ 是包含词语 t_i 的文档数目，如果该词语不在语料库中，就会导致结果为零，因此一般情况下还要额外再加上 1。

这里基于文本特征抽取，选用不同的特征抽取方法与特征词数分别对训练数据集和测试数据集进行文本向量化表示，具体代码如下：

```
def TextFeature(train_data_list, test_data_list, train_class_list, test_class_list, fs_method, fs_num):
#函数中各参数分别表示训练数据集、测试数据集、训练数据集标签、测试数据集标签、特征抽取方法与特征词数
    term_set_fs1=feature_selection.feature_selection(train_data_list, train_class_list, fs_method)
    print(len(term_set_fs1))        #获取显示总的特征词数
    term_set_fs=feature_selection.feature_selection(train_data_list, train_class_list, fs_method)[:fs_num]
    print('Feature selection...')
    print('fs method:' + fs_method, 'fs num:' + str(fs_num))
    term_dict = dict(zip(term_set_fs, range(len(term_set_fs))))
    #对训练数据集进行文本向量化
    tv = TfidfVectorizer(sublinear_tf=True, max_df=0.5, vocabulary=term_dict)
    '''
```

sublinear_tf: 计算 TF 值，采用亚线性策略。比如，公式(9-4)计算 TF 是词频，现在用 1 + log(tf) 来充当词频。

max_df: 有些词的文档频率太高了(一个词如果在每篇文档中都出现)，就没有必要用它来区分文本类别。所以，可以设定一个阈值，比如 float 类型 0.5(取值范围为[0.0, 1.0])表示这个词如果在整个数据集中超过 50%的文本都出现了，那么把它列为临时停用词。当然也可以设定为 int 型，例如 max_df=10 表示这个词如果在整个数据集中超过 10 个的文本都出现了，那么把它列为临时停用词。

```
    '''
    tfidf_train = tv.fit_transform(train_data_list)
    #对测试数据集进行文本向量化，且和训练数据集共用词汇表
    tv2 = TfidfVectorizer(vocabulary=tv.vocabulary_)
```

```
tfidf_test = tv2.fit_transform(test_data_list)
word= tv.get_feature_names()   #获取词袋模型中的所有词语
print(word)    #输出显示特征词列表
#将 TF-IDF 矩阵抽取出来，元素 a[i][j]表示 j 词在 i 类文本中的 TF-IDF 权重
weight_train = tfidf_train.toarray()
weight_test = tfidf_test.toarray()
#输出显示训练数据集中每一条文本对应的向量表示
print(weight_train)
#输出显示测试数据集中每一条文本对应的向量表示
print(weight_test)
return weight_train, weight_test, train_class_list, test_class_list
```

训练数据集中各个文本形成的 TF-IDF 权值矩阵如下：

$$
\begin{bmatrix}
[0.\,0.\,0.\ \cdots\ 0.\,0.\,0.] \\
[0.\,0.\,0.\ \cdots\ 0.\,0.\,0.] \\
[0.\,0.\,0.\ \cdots\ 0.\,0.\,0.] \\
\vdots \\
[0.\,0.\,0.\ \cdots\ 0.\,0.\,0.] \\
[0.\,0.\,0.\ \cdots\ 0.\,0.\,0.] \\
[0.\,0.\,0.\ \cdots\ 0.\,0.\,0.]
\end{bmatrix}
$$

列表中的每一个元素为一个子列表，代表一个文本向量；而子列表中的每个元素为特征词在当前文本中的 TF-IDF 权重。其中，省略号代表未显示出来的词语权重，取值范围为 0.0~1.0。由于特征维度较长，因此它在有限区域中并未完全显示。

9.3　文本分类模型构建

模型构建分如下两步：

(1) 由于朴素贝叶斯分类算法对于文本分类的效果最好、精度很高，因此本节采用朴素贝叶斯分类算法对新闻文本训练数据集进行训练，生成文本分类器。代码如下：

```
#利用朴素贝叶斯分类算法构建文本分类模型，并计算分类准确率、召回率等各项指标
def TextClassifyModelBuilding(weight_train, weight_test, train_class_list, test_class_list):
    #创建模型
    mnb = MultinomialNB(alpha=0.01)
    #对训练数据集进行模型训练，生成文本分类器
    classifier = mnb.fit(weight_train, train_class_list)
    #使用构建的分类器对测试数据集进行文本类别预测，并输出显示分类准确率、
        召回率等各项指标
    predict_class_list = classifier.predict(weight_test)
    acc = classifier.score(weight_test, test_class_list)
```

(2) 指定模型评测指标(准确率、召回率、F_1 值)来加载测试集，进行模型预测，从而实现文本分类功能。

通常采用准确率、召回率、F_1 值等性能评估方法来测试文本分类的效果。

反映预测结果与实际情况关系的混淆矩阵如表 9.11 所示。

表 9.1　混　淆　矩　阵

真实情况	预测结果	
	正例	反例
正例	TP	FN
反例	FP	TN

$$P = \frac{TP}{TP + FP} \quad , \quad R = \frac{TP}{TP + FN}$$

$$F_1 = \frac{2 \times P \times R}{P + R} \tag{9-6}$$

在公式(9-6)中，P 为准确率，R 为召回率。

本节基于互信息和信息增益两种特征抽取算法，并选用不同数量的特征词，通过绘图来观察新闻文本分类的准确率。具体实现代码如下：

```
for fs_method in fs_method_list:
    plt.plot(fs_num_list, acc_dict[fs_method], '--^', label=fs_method)
    plt.title('feature    selection')
    plt.xlabel('fs num')
    plt.ylabel('accuracy')
    plt.ylim((0.4, 0.8))
plt.legend(loc='upper left', numpoints=1)
plt.show()
```

程序运行结果如图 9.5 所示。

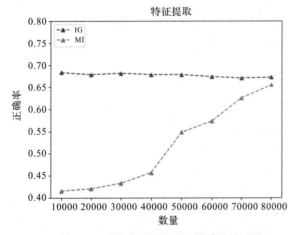

图 9.5　两种不同特征抽取算法效果对比

从图 9.5 可以看出，相比于使用互信息方法，使用信息增益方法进行文本特征抽取的文本分类准确率较好一些。

若想要观察指定特征抽取算法与特征词数下的新闻文本分类性能，则可在 TextClassifyModelBuilding()函数中添加以下代码来实现。

```
#使用构建的分类器对测试数据集进行文本类别预测，并输出显示分类准确率、召回率等各项
  指标
predict_class_list=classifier.predict(weight_test)
#输出显示文本类别预测结果
print(predict_class_list)
print("准确率:", classifier.score(weight_test, test_class_list))
print("其他指标：\n", classification_report(test_class_list, predict_class_list))
```

程序运行结果如下：

对测试集中的各个文本进行类别预测的结果如下：

```
['life' 'car' 'car' 'car' 'food' 'food' 'news' 'legend' 'health' 'car'
 'food' 'life' 'life' 'news' 'news' 'baby' 'life' 'science' 'news' 'car'
 'car' 'health' 'science' 'car' 'science' 'food' 'science' 'legend' 'news'
 'life' 'food' 'news' 'life' 'car' 'legend' 'food' 'life' 'car' 'news'
 'life' 'car' 'legend' 'food' 'car' 'life' 'legend' 'food' 'car' 'news'
 'food' 'science' 'life' 'food' 'life' 'life' 'health' 'legend' 'science'
 'science' 'health' 'science' 'car' 'news' 'car' 'car' 'food' 'food'
 'life' 'legend' 'food' 'life' 'food' 'food' 'science' 'car' 'food' 'life'
 'legend' 'life' 'food' 'science' 'science' 'car' 'car' 'life' 'life'
 'life' 'food' 'food' 'legend' 'life' 'life' 'car' 'news' 'life' 'health'
 'life' 'legend' 'science' 'health' 'food' 'health' 'life' 'science'
 'life' 'food' 'car' 'news' 'news' 'science' 'legend' 'news' 'legend'
 'news' 'life' 'car' 'car' 'car' 'science' 'life' 'food' 'health' 'news'
 'life' 'legend' 'car' 'life' 'life' 'legend' 'legend' 'food' 'car'
 'science' 'life' 'health' 'science' 'food' 'life' 'food' 'legend' 'news'
 'life' 'life' 'baby' 'car' 'food' 'news' 'food' 'health' 'legend' 'food'
 'food' 'car' 'legend' 'life' 'news' 'food' 'science' 'life' 'health'
 'health' 'food' 'food' 'life' 'news' 'news' 'life' 'car' 'life' 'news'
 'news' 'news' 'car' 'news' 'food' 'food' 'legend' 'food' 'science' 'life'
 'car' 'life' 'car' 'news' 'legend' 'legend' 'food' 'health' 'health'
 'science' 'food' 'life' 'news' 'news' 'science' 'life' 'science' 'car'
 'science' 'car' 'health' 'news' 'health' 'science' 'science' 'food'
 'life' 'health' 'news' 'car' 'food' 'health' 'legend' 'science' 'life'
 'car' 'news' 'food' 'science' 'food' 'life' 'food' 'life' 'car' 'car'
 'legend' 'car' 'news' 'legend' 'car' 'food' 'food' 'life' 'health' 'food'
 'science' 'food' 'science' 'car' 'car' 'food' 'food' 'life' 'car'
 'legend' 'life' 'life' 'health' 'legend' 'science' 'legend' 'science'
```

'news' 'life' 'science' 'news' 'food' 'science' 'car' 'life' 'life'
'food' 'science' 'science' 'science' 'food' 'news' 'health' 'life' 'food'
'legend' 'science' 'life' 'food' 'science' 'legend' 'food' 'life' 'life'
'food' 'health' 'life' 'food' 'legend' 'food' 'health' 'life' 'news'
'science' 'food' 'life' 'car' 'news' 'legend' 'food' 'news' 'food'
'science' 'news' 'food' 'food' 'car' 'legend' 'life' 'science' 'food'
'news' 'life' 'news' 'news' 'car' 'news' 'news' 'science' 'life' 'legend'
'food' 'car' 'car' 'legend' 'science' 'news' 'car' 'science' 'science'
'food' 'science' 'food' 'life' 'food' 'food' 'science' 'food' 'food'
'car' 'life' 'health' 'life' 'car' 'news' 'science' 'baby' 'legend'
'life' 'legend' 'food' 'car' 'legend' 'health' 'legend' 'science' 'baby'
'car' 'food' 'legend' 'car' 'science' 'legend' 'health' 'legend' 'food'
'health' 'food' 'food' 'car' 'science' 'food' 'food' 'science' 'news'
'life' 'life' 'health' 'baby' 'food' 'food' 'food' 'life' 'food' 'food'
'food' 'car' 'food' 'science' 'life' 'life' 'car' 'life' 'car' 'life'
'news' 'news' 'science' 'science' 'car' 'science' 'car' 'car' 'car' 'car'
'news' 'health' 'news' 'food' 'car' 'car' 'car' 'news' 'car' 'science'
'legend' 'car' 'science' 'life' 'news' 'life' 'news' 'life' 'science'
'health' 'food' 'life' 'food' 'health' 'life' 'life' 'health' 'food'
'science' 'science' 'health' 'food' 'life' 'health' 'food' 'science'
'car' 'life' 'science' 'health' 'life' 'car' 'news' 'food' 'car' 'news'
'life' 'news' 'legend' 'life' 'science' 'legend' 'news' 'life' 'car'
'legend' 'science' 'car' 'life' 'life' 'legend' 'news' 'life' 'science'
'life' 'health' 'science' 'car' 'life' 'science' 'car' 'science'
'science' 'science' 'car' 'life' 'science' 'car' 'news' 'legend' 'legend'
'food' 'science' 'car' 'car' 'science' 'car' 'life' 'news' 'health' 'car'
'health' 'food' 'legend' 'legend' 'food' 'science' 'car' 'news' 'legend'
'food' 'food' 'life' 'food' 'news' 'legend' 'life' 'legend' 'news' 'food'
'car' 'car' 'car' 'science' 'science' 'car' 'legend' 'news' 'legend'
'food' 'food' 'food' 'life' 'life' 'legend' 'science' 'life' 'food'
'news' 'food' 'legend' 'news' 'science' 'life' 'news' 'life' 'food'
'food' 'food' 'life' 'car' 'science' 'food' 'food' 'food' 'legend' 'life'
'science' 'science' 'science' 'legend' 'food' 'health' 'science' 'life'
'car' 'science' 'legend' 'health' 'life' 'food' 'health' 'science' 'food'
'food' 'health' 'news' 'legend' 'life' 'science' 'life' 'food' 'health'
'car' 'food' 'science' 'car' 'science' 'science' 'science' 'legend'
'legend' 'car' 'car' 'life' 'health' 'science' 'life' 'science' 'health'
'science' 'news' 'science' 'car' 'science' 'food' 'baby' 'legend' 'car'
'food' 'life' 'food' 'news' 'legend' 'life' 'food' 'life' 'life' 'car'

'news' 'life' 'life' 'baby' 'food' 'health' 'news' 'food' 'health' 'life'

'science' 'car' 'car' 'life' 'food' 'car' 'news' 'food' 'food' 'food'

'life' 'science' 'news' 'food' 'life' 'news']

准确率: 0.662992125984252

	Precision	recall	f1-score	support
baby	1.00	0.19	0.32	32
car	0.81	0.99	0.89	80
food	0.55	0.83	0.66	83
health	0.79	0.42	0.55	88
legend	0.94	0.77	0.85	79
life	0.37	0.56	0.44	78
love	0.00	0.00	0.00	34
news	0.87	0.86	0.86	76
science	0.61	0.75	0.67	80
sexual	0.00	0.00	0.00	5
avg / total	0.68	0.66	0.64	635

9.4　Python 编程实现

本节主要基于 Python 编码来实现新闻文本分类，代码如下：

```
import os
import time
import random
import jieba
import numpy as np
import matplotlib.pyplot as plt
Import feature_selection
#导入文本特征向量转化模块
from sklearn.feature_extraction.text import CountVectorizer
from sklearn.naive_bayes import MultinomialNB
from sklearn.metrics import classification_report
from sklearn import tree, metrics
from sklearn import feature_extraction, model_selection
from sklearn.feature_extraction.text import TfidfTransformer, TfidfVectorizer
if __name__ == '__main__':
  print("start")
  #数据读取
  #文本预处理(分词，停用词去除，数字等不规则符号去除等),
```

按比例将整个数据集划分为测试集与训练集

```
folder_path = '../data/train_data'
train_data_list, test_data_list, train_class_list, test_class_list=TextProcessing(folder_path, test_size=0.2)
#文本特征词选择
fs_method_list = ['IG', 'MI']
fs_num_list = range(10000, 88000, 10000)
acc_dict = {}
#文本向量化表示
for fs_method in fs_method_list:
    acc_list = []
    for fs_num in fs_num_list:
        weight_train, weight_test, train_class_list, test_class_list= TextFeature(train_data_list,
                        test_data_list, train_class_list, test_class_list, fs_method, fs_num)
        #新闻文本分类模型构建与分类准确率统计
        acc = TextClassifyModelBuilding(weight_train, weight_test, train_class_list, test_class_list)
        acc_list.append(acc)
        acc_dict[fs_method] = acc_list
        print('fs method:', acc_dict[fs_method])
        #绘图显示不同特征抽取方法与特征数目下的文本分类准确率
    for fs_method in fs_method_list:
        plt.plot(fs_num_list, acc_dict[fs_method], '--^', label=fs_method)
        plt.title('feature    selection')
        plt.xlabel('fs num')
        plt.ylabel('accuracy')
        plt.ylim((0.4, 0.8))
    plt.legend(loc='upper left', numpoints=1)
    plt.show()
print("finished")
```

本 章 小 结

　　通过本章的学习，能够掌握如何加载待处理的新闻文本数据集，并使用 jieba、os、Numpy、Scikit-Learn 等 Python 第三方库实现对这些中文文本数据进行数据清洗、预处理(特殊字符的滤除、分词、停用词去除等)、训练集与测试集的划分、文本特征选择与向量化表示、文本分类模型构建与预测等。

第 10 章　重庆市主城区二手房可视化分析

10.1　背景与挖掘目标

从 2016 年 12 月开始，重庆楼市开始走进人们的视野，越来越多的购房者开始涌向这个楼市价值洼地。最近几年，重庆二手房市场开始逐渐火热起来，截至 2020 年 1 月，重庆主城区链家网上二手房数量超过 13 万套，如此巨大的市场存量决定着想从重庆主城区挑选满意的住房并非易事。本章希望通过分析采集到的重庆主城区二手房房源数据，深入探索大量数据背后隐藏的房价波动和城市发展规律，以求更好地帮助购房者进行购房决策。

本章以重庆市主城区二手房房源数据为例，利用 K-Means 算法对二手房房源数据进行聚类分析，具体过程及挖掘目标如下：

(1) 通过网络爬虫采集链家网上部分重庆主城区二手房的房源数据，然后对采集到的数据进行初步清洗。

(2) 对清洗之后的数据进行数据可视化分析，探索隐藏在大量数据背后的规律。

(3) 采用 K-Means 聚类算法对重庆主城区二手房数据进行聚类分析，并根据聚类分析的结果，将这些房源大致分类，以便于对所有数据进行概括总结。

通过上述分析，可以了解到目前重庆市主城区市面上二手房各项基本特征及房源分布情况，帮助人们进行购房决策。

10.2　数据采集与数据清洗

10.2.1　数据采集

本小节通过网络爬虫程序抓取链家网上部分重庆市主城区二手房房源数据，收集原始数据，作为整个数据分析与挖掘的基石。

1. 链家网站结构分析

从重庆链家二手房主页选取重庆市主城九区(渝中、江北、渝北、沙坪坝、南岸、九龙坡、北碚、大渡口、巴南)二手房房源数据作为爬取目标。截至目前，重庆主城区二手房总体存量超过 13 万套，通过访问网址 https://cq.lianjia.com/ershoufang/能够看出，网页总计显示 100 页房源信息，每页显示 30 个房源信息，因此在爬取数据的时候需要考虑如何处理才能爬取更多数据。

我们需要采集的目标数据就在该页面，包括基本信息、房屋属性和交易属性三大类。各类信息包括的数据项如下：

(1) 基本信息：小区名称、所在区域、总价、单价。

(2) 房屋属性：房屋户型、所在楼层、建筑面积、户型结构、套内面积、建筑类型、房屋朝向、建筑结构、装修情况、梯户比例、是否配备电梯、产权年限。

(3) 交易属性：挂牌时间、交易权属、上次交易时间、房屋用途、房屋年限、产权所属、抵押信息、房本备件。

2. 网络爬虫程序关键问题说明

(1) 关键问题 1：链家网二手房主页最多只显示 100 页的房源数据，所以在收集二手房房源信息页面 URL 地址时会收集不全，导致最后只能采集到部分数据。

解决措施：将所有重庆市主城区二手房数据分区域地进行爬取，100 页最多能够显示 3000 套房，该区域房源少于 3000 套时可以直接爬取，如果该区域房源超过 3000 套，则可以再分成更小的区域进行爬取。

(2) 关键问题 2：爬虫程序如果运行过快，则会在采集到两三千条数据时触发链家网的反爬虫机制，所有的请求会被重定向到链家网的人机鉴定页面，从而会导致后面的爬取失败。

解决措施：① 为程序中每次 http 请求构造 header(头部)并且每次变换 http 请求 header 信息头中 USER_AGENTS 数据项的值，让请求信息看起来像是从不同浏览器发出的访问请求；② 爬虫程序每处理完一次 http 请求和响应后，随机睡眠 1~3 秒，每请求 2500 次后，程序睡眠 20 分钟，控制程序的请求速度。

3. 爬虫代码解析

爬取链家数据的核心模块包括四个，分别为网页加载模块、网页解析模块、数据输出收集模块和爬虫程序主模块，各模块具体代码及解析如下。

1) 网页加载模块

网页加载模块的作用是加载后续需要进行进一步解析的网页，为了更好地应对链家网反爬虫机制，在处理过程中会不断更改 header，以求更好地模拟不同浏览器的访问请求，具体代码如下：

```
# -*- coding: utf-8 -*-
import requests
from log import MyLog
import random
class HtmlDownloader():
"""网页加载器"""
def __init__(self):
"""构造函数，初始化属性"""
self.log = MyLog("html_downloader", "logs")
```

此处代码给出不同浏览器的用户代理情况，这样在爬取数据的时候可以选择更多的浏览器，避免触发反爬虫机制。

```
        self.user_agent = [
    "Mozilla/5.0 (compatible; MSIE 9.0; Windows NT 6.1; Trident/5.0",
    "Mozilla/4.0 (compatible; MSIE 7.0; Windows NT 5.1; Trident/4.0;
        InfoPath.2; .NET4.0C; .NET4.0E; .NET CLR 2.0.50727; 360SE) ",
    "Mozilla/4.0 (compatible; MSIE 7.0; Windows NT 5.1; Trident/4.0;
        SE 2.X MetaSr 1.0; SE 2.X MetaSr 1.0; .NET CLR 2.0.50727; SE
        2.X MetaSr 1.0) ",
    "Mozilla/5.0 (Windows NT 5.1; zh-CN; rv:1.9.1.3) Gecko/20100101
        Firefox/8.0",
    "Mozilla/5.0 (Macintosh; U; Intel Mac OS X 10_6_8; en-us)
        AppleWebKit/534.50 (KHTML, like Gecko) Version/5.1
        Safari/534.50",
    "Mozilla/4.0 (compatible; MSIE 7.0; Windows NT 5.1; Maxthon
        2.0)",
    "Opera/9.80 (Windows NT 6.1; U; en) Presto/2.8.131 Version/11.11",
    "Mozilla/4.0 (compatible; MSIE 7.0; Windows NT 5.1; Trident/4.0;
        TencentTraveler 4.0; .NET CLR 2.0.50727)",
    "Mozilla/5.0 (Windows NT 10.0; Win64; x64) AppleWebKit/537.36
        (KHTML, like Gecko) Chrome/64.0.3282.186 Safari/537.36"
    ]
    def download(self, url):
    """网页下载函数"""
    if url is None:
                self.log.logger.error("页面下载：url 为空!!!")
    return None
```

　　此处代码给出 headers 定义，每个部分都做出详细说明。不同浏览器的 header 有一定的差别，在处理的过程中采用随机变换的方式来模拟真实用户操作，代码如下：

```
#随机变换 user-agent
headers = {
    "Accept":"text/html, application/xhtml+xml, application/xml;q=0.9,
    image/webp, image/apng, */*;q=0.8",
    "Accept-Encoding":"gzip, deflate, br",
"Accept-Language":"zh-CN, zh;q=0.9",
"Connection":"keep-alive",
"Cache-Control":"max-age=0",
"Host":"cq.lianjia.com",
"User-Agent":random.choice(self.user_agent)
        }
        r = requests.get(url, headers=headers)
```

```
            if r.status_code != 200:
                    self.log.logger.error("页面下载：响应错误：%d"% r.status_code)
        return None
        self.log.logger.info("页面下载：成功!")
                print("页面下载：成功!")
        return r.text
```

2) 网页解析模块

网页解析模块在网页加载模块的基础上深度分析网页，需要用到前面章节介绍的 BeautifulSoup 知识和 Web 开发中学过的 HTML 页面相关知识。另外，还需要用到作者编写的 log.py，此处利用 from log import MyLog 引入，具体代码见配套代码 log.py。

```
        # -*- coding: utf-8 -*-
        from bs4 import BeautifulSoup
        from log import MyLog
        class HtmlParser():
        """网页解析模块"""
        def __init__(self):
        """构造函数，初始化属性"""
        self.log = MyLog("html_parser", "logs")
        def get_ershoufang_data(self, html_cont, id):
        """获取二手房页面详细数据"""
        if html_cont is None:
                    self.log.logger.error("页面解析(detail)：传入页面为空！")
                    print("页面解析(detail)：传入页面为空！")
        return
        ershoufang_data = [    ]
                communityName = "null"
        areaName = "null"
        total = "null"
        unitPriceValue = "null"
        bsObj = BeautifulSoup(html_cont, "html.parser", from_encoding="utf-8")
                tag_com = bsObj.find("div", {"class":"communityName"}).find("a")
        if tag_com is not None:
                communityName = tag_com.get_text()
        else:
                    self.log.logger.error("页面解析(detail)：找不到 communityName 标签！")
        tag_area = bsObj.find("div", {"class":"areaName"}).
                    find("span", {"class":"info"}).find("a")
        if tag_area is not None:
                areaName = tag_area.get_text()
```

```
                else:
                        self.log.logger.error("页面解析(detail)：找不到 areaName 标签！")
                tag_total = bsObj.find("span", {"class":"total"})
        if tag_total is not None:
                total = tag_total.get_text()
        else:
                self.log.logger.error("页面解析(detail)：找不到 total 标签！")
                tag_unit = bsObj.find("span", {"class":"unitPriceValue"})
        if tag_unit is not None:
                unitPriceValue = tag_unit.get_text()
        else:
                self.log.logger.error("页面解析(detail)：找不到 total 标签！")
                ershoufang_data.append(id)
                ershoufang_data.append(communityName)
                ershoufang_data.append(areaName)
                ershoufang_data.append(total)
                ershoufang_data.append(unitPriceValue)
                counta = 12
        for a_child in
        bsObj.find("div", {"class":"introContent"}).find("div", {"class":"base"}) .find("div", {"class":"content"}).
ul.findAll("li"):
                [s.extract() for s in a_child("span")]
                ershoufang_data.append(a_child.get_text())
                counta = counta - 1
        while counta > 0:
                ershoufang_data.append("null")
                counta = counta - 1
                countb = 8
        for b_child in
        bsObj.find("div", {"class":"introContent"}).find("div", {"class":"transaction"}).find("div", {"class":
"content"}).ul.findAll("li"):
                information = b_child.span.next_sibling.next_sibling.get_text()
                ershoufang_data.append(information)
                countb = countb - 1
        while countb > 0:
                ershoufang_data.append("null")
                countb = countb - 1
                self.log.logger.info("2.3 页面解析(detail)：页面解析成功！")
                print("2.3 页面解析(detail)：页面解析成功！")
```

```
return ershoufang_data
def get_erhoufang_urls(self, html_cont):
"""获取二手房页面的链接"""
if html_cont is None:
            self.log.logger.error("页面解析(page)：pg 页面为空！")
            print("页面解析(page)：pg 页面为空！")
return
ershoufang_urls = set()
        bsObj = BeautifulSoup(html_cont, "html.parser", from_encoding="utf-8")
        sellListContent = bsObj.find("ul", {"class":"sellListContent"})
if sellListContent is not None:
for child in sellListContent.children:
if child["class"][0] == "clear":
                        ershoufang_urls.add(child.a["href"])
                        self.log.logger.info(child.a["href"])
else:
            self.log.logger.error("页面解析(page)：找不到 sellListContent 标签！")
        self.log.logger.info("1.3 pg 页面解析：pg 页面解析成功！")
        print("1.3　页面解析：pg 页面解析成功！")
return ershoufang_urls
```

3) 数据输出收集模块

数据输出收集模块建立在页面分析模块的基础上，它根据挖掘需要确定输出内容，并将爬取文件输出到指定文件中。

```
# -*- coding: utf-8 -*-
from log import MyLog
import csv
class HtmlOutputer():
"""数据输出收集模块"""
def __init__(self):
"""构造函数，初始化属性"""
self.log = MyLog("html_outputer", "logs")
        filename = "cq_ershoufang.csv"
        with open(filename, "w", newline="") as f:
            data = [
"id", "小区名称", "所在区域", "总价", "单价",
"房屋户型", "所在楼层", "建筑面积", "户型结构",
"套内面积", "建筑类型", "房屋朝向", "建筑结构",
"装修情况", "梯户比例", "配备电梯", "产权年限",
"挂牌时间", "交易权属", "上次交易", "房屋用途",
```

```
                "房屋年限", "产权所属", "抵押信息", "房本备件",
                                    ]
                    writer = csv.writer(f, dialect='excel')
                    writer.writerow(data)
    def collect_data(self, data):
    if data is None:
                    self.log.logger.error("页面数据收集：传入数据为空！")
                    print("页面数据收集：传入数据为空！")
    return
    filename = "cq_ershoufang.csv"
                    with open(filename, "a", newline="") as f:
                    writer = csv.writer(f, dialect='excel')
                    writer.writerow(data)
                    self.log.logger.info("2.4 页面数据收集：成功!")
                    print("2.4 页面数据收集：成功!")
```

4) 爬虫程序主模块

爬虫程序主模块需要调用网页加载模块、网页解析模块和数据输出收集模块。由于重庆市二手房市场房源存量数据超过 13 万套，本章重点关注选择的主城九区数据，因此在代码中要实现区域选择，每个区域爬取 100 页数据，具体代码如下：

```
# -*- coding: utf-8 -*-
from url_manager import UrlManager
from log import MyLog
from html_downloader import HtmlDownloader
from html_parser import HtmlParser
from html_outputer import HtmlOutputer
import time
import random
class SpiderMain():
"""爬虫程序主模块"""
def __init__(self):
"""构造函数，初始化属性"""
self.urls = UrlManager()
                self.log = MyLog("spider_main", "logs")
                self.downloader = HtmlDownloader()
                self.parser = HtmlParser()
                self.outputer = HtmlOutputer()
    def craw(self, root_url):
"""爬虫入口函数"""
areas = {
```

```
                "jiangbei":100, "yubei":100, "nanan":100,
                "shapingba":100, "jiulongpo":100, "yuzhong":100,
                "dadukou":100, "beibei":100, "banan":100
                            }
#areas = {"jiangbei":1} 此处为测试用
```

在爬取数据的过程中，会先通过拼接的方式确定需要爬取的二手房信息页面链接，然后将其放置到 URL 管理模块中，并写入日志文件，在后续解析页码的时候直接获取即可。

```
#1.抓取所有二手房详情界面链接，并存放
for area, pg_sum in areas.items():
for num in range(1, pg_sum+1):
pg_url = root_url + area + "/pg"+ str(num) + "/"
self.log.logger.info("1.1  拼接页面地址："+ pg_url)
            print("1.1  拼接页面地址： "+ pg_url)
#1.2  启动下载器，下载页面
try:
                html_cont = self.downloader.download(pg_url)
except Exception as e:
                self.log.logger.error("1.2  下载页面出现异常:"+ repr(e))
                time.sleep(60*30)
else:
#1.3  所有二手房链接放入 URL 管理模块
try:
                ershoufang_urls = self.parser.get_erhoufang_urls(html_cont)
except Exception as e:
                self.log.logger.error("1.3  页面解析出现异常:"+ repr(e))
else:
                self.urls.add_new_urls(ershoufang_urls)
#暂停 0～3 秒的整数秒，时间区间为[0, 3]
time.sleep(random.randint(0, 3))
            time.sleep(60*20)#休眠 20 分钟
```

从 URL 管理模块中读取拼接完成的链接，然后从指定链接下载页面，并对页面进行解析，最后将爬取到的数据输出到文件中，爬取数据的过程中随机睡眠 1～3 秒，每请求 2500 次后，程序睡眠 20 分钟，控制程序的请求速度。

```
#2. 解析二手房具体详细页面
id = 1
        stop = 1
while self.urls.has_new_url():
#2.1 获取 URL
try:
```

```
                        detail_url = self.urls.get_new_url()
                        self.log.logger.info("2.1 二手房页面地址：" + detail_url)
                        print("2.1 二手房页面地址：" + detail_url)
            except Exception as e:
                        print("2.1 拼接地址出现异常")
                        self.log.logger.error("2.1 拼接地址出现异常:" + detail_url)
            #2.2 下载页面
            try:
                        detail_html = self.downloader.download(detail_url)
            except Exception as e:
                        self.log.logger.error("2.2 下载页面出现异常:" + repr(e))
                        self.urls.add_new_url(detail_url)
                        time.sleep(60*30)
            else:
            #2.3 解析页面
            try:
                            ershoufang_data = self.parser.get_ershoufang_data(detail_html, id)
            except Exception as e:
                        self.log.logger.error("2.3 解析页面出现异常:" + repr(e))
            else:
            #2.4 输出数据
            try:
                            self.outputer.collect_data(ershoufang_data)
            except Exception as e:
                        self.log.logger.error("2.4 输出数据出现异常:" + repr(e))
            else:
                            print(id)
                            id = id + 1
                            stop = stop + 1
            #暂停 0~3 秒的整数秒，时间区间为[0, 3]
            time.sleep(random.randint(0, 3))
            if stop == 2500:
                                stop = 1;
                                time.sleep(60*20)
if __name__ == "__main__":
#设定爬虫入口 URL
root_url = "https://cq.lianjia.com/ershoufang/"
#初始化爬虫对象
obj_spider = SpiderMain()
```

```
#启动爬虫
obj_spider.craw(root_url)
```

10.2.2　数据清洗

爬虫程序采集得到的数据并不能直接进行分析，需要先去掉一些"脏"数据，修正一些错误数据，统一所有数据字段的格式，将这些零散的数据规整成统一的结构化数据。

上一小节爬取到的数据编码格式并不是 utf-8，这就导致后续的数据清洗比较麻烦，因此在进行数据清洗之前需要对文件进行转码。

1．文件转码

代码如下：

```
# -*- coding: utf-8-*-
import codecs
def handleEncoding(original_file, newfile):
f = open(original_file, 'rb+')
    content = f.read()   #读取文件内容，content 为 bytes 类型
    source_encoding = 'gbk'
#确定 encoding 类型
try:
        content.decode('utf-8').encode('utf-8')
        source_encoding = 'utf-8'
    except:
try:
            content.decode('gbk').encode('utf-8')
            source_encoding = 'gbk'
        except:
try:
                content.decode('gb2312').encode('utf-8')
                source_encoding = 'gb2312'
            except:
try:
                    content.decode('gb18030').encode('utf-8')
                    source_encoding = 'gb18030'
                except:
try:
                        content.decode('big5').encode('utf-8')
                        source_encoding = 'gb18030'
                    except:
                        content.decode('cp936').encode('utf-8')
```

```
                    source_encoding = 'cp936'
f.close()
#按照确定的 encoding 读取文件内容，并另存为 utf-8 编码
block_size = 4096
with codecs.open(original_file, 'r', source_encoding) as f:
with codecs.open(newfile, 'w', 'utf-8') as f2:
while True:
                content = f.read(block_size)
if not content:
break
f2.write(content)
if __name__ == "__main__":
    original_file='new_utf_8.csv'
newfile='new_new_utf_8.csv'
handleEncoding(original_file, newfile)
```

2. 清洗数据

对于从链接爬取的重庆市主城区二手房数据，需要对其进行清洗，具体操作如下：

(1) 将杂乱的记录的数据项对齐；

(2) 清洗一些数据项格式；

(3) 缺失值处理。

代码如下：

```
# coding:utf-8
import re
import csv
"""
1、读入数据.    2、清理数据.    3、写出数据。
"""
filename = "new_new_utf_8.csv"
with open(filename, encoding='utf-8') as f:
    reader = csv.reader(f)
    context = [line for line in reader]
with open("new_utf_8.csv", "w", encoding='utf-8', newline="") as f:
    writer = csv.writer(f)
for line in context:
        line = [x.strip() for x in line]   #去除每个数据项的空白符和换行符
if line[0] == "id":
                writer.writerow(line)
continue
```

```
try:
    #将总价数据项统一整理为整数
    float_num = float(line[3])
            line[3] = str(int(float_num))
    #去除单价数据项单位
    line[4] = line[4].split("元")[0]
    #去除建筑面积数据项的单位
    if line[7] != "null" and line[7] != "暂无数据":
            line[7] = line[7].split("m²")[0]
    #去除套内面积数据项的单位
    if line[9] != "null" and line[9] != "暂无数据":
            line[9] = line[9].split("m²")[0]
            writer.writerow(line)
except Exception as e:
        print("数据项转换失败!该记录未写入")
```

10.3　数据可视化分析

在数据清洗完成后,就可以开始对数据进行可视化分析。该阶段主要是对数据做一个探索性分析并将结果可视化呈现,帮助人们更好、更直观地认识数据,把隐藏在大量数据背后的信息集中和提炼出来。本书主要对二手房房源的总价、单价、面积、户型、地区等属性进行了分析。

数据可视化分析的主要步骤是:① 数据加载;② 数据转换;③ 数据可视化呈现。

10.3.1　主城区二手房数据加载

数据分析和建模的大量工作都是数据准备,如清理、加载、转换等。清洗完成后的数据仍然存储在文本文件(CSV 格式)中,要对数据进行可视化分析,必须先要将数据按一定结果加载到内存中。我们使用 Pandas 提供的 DataFrame 对象来加载和处理清洗后的数据,Pandas 也能够将表格型数据读取为 DataFrame 对象的函数。数据加载处理过程中需要注意的主要问题如下:

(1) 数据项的行列索引的处理;

(2) 数据类型推断和数据转换;

(3) 缺失值的处理。

10.3.2　数据整体质量分析

1. 数据基本情况

数据加载后,数据基本情况如图 10.1 所示。从图中可以看到加载后的数据一共 26 372

行、22 列，占用内存 4.4+ MB(4.4 MB 以上)。在数据类型上，一共有 1 列 float64 类型，3 列 int64 类型，18 列 object 类型。除了房屋年限和上次交易时间三列数据项缺失值比较多之外，其他列数据项的缺失值都不多，所以数据整体的质量还不错。

```
id                 26372 non-null int64
communityName      26371 non-null object
areaName           26371 non-null object
total              26372 non-null int64
unitPriceValue     26372 non-null int64
fwhx               26372 non-null object
szlc               26372 non-null object
hxjg               25232 non-null object
jzmj               26372 non-null float64
jzlx               25415 non-null object
fwcx               26372 non-null object
jzjg               26372 non-null object
zxqk               26372 non-null object
thbl               26319 non-null object
pbdt               25499 non-null object
cqnx               26372 non-null object
gpsj               26372 non-null object
jyqs               26372 non-null object
scjysj              8824 non-null object
fwyt               26371 non-null object
fwnx                8719 non-null object
cqss               26281 non-null object
dtypes: float64(1), int64(3), object(18)
memory usage: 4.4+ MB
None


Process finished with exit code 0
```

图 10.1　数据基本情况

对数据集进行描述性分析的具体代码如下：

```
# -*- coding: utf-8 -*-
import matplotlib.pyplot as plt
import pandas as pd
#定义加载数据的文件名
filename = "../data_file/new_new_utf_8.csv"
#使用相对路径
#自定义数据的行列索引(行索引使用 pd 默认的，列索引使用自定义的)
names = [
```

```
"id", "communityName", "areaName", "total", "unitPriceValue",
"fwhx", "szlc", "hxjg", "jzmj",
"jzlx", "fwcx", "jzjg", "zxqk", "thbl",
"pbdt", "cqnx", "gpsj", "jyqs", "scjysj",
"fwyt", "fwnx", "cqss",
    ]
#自定义需要处理的缺失值标记列表
miss_value = ["null", "暂无数据"]
#数据类型会自动转换
#使用自定义的列名，跳过文件中的头行，处理缺失值列表标记的缺失值
df = pd.read_csv(filename, skiprows=[0], names=names, na_values=miss_value)
print(df.info())
```

2. 整体数据文件词云

从整体数据文件词云(如图 10.2 所示)，可以得到在重庆二手房房源信息中经常出现的高频词，如商品房、普通住宅、钢混结构、平层、塔楼等。可以通过这些高频词，能够粗略地了解整个数据文件中的基本内容。

图 10.2　整体数据文件词云

具体代码如下：

```
# -*- coding: utf-8 -*-
from wordcloud import WordCloud
import jieba
```

```
from imageio import imread
"""重庆主城区二手房数据词云"""
#基础配置数据
filename = "../data_file/new_new_utf_8.csv"
backpicture = "../resources/house2.jpg"
savepicture = "./picture/重庆二手房数据词云 2.png"
fontpath = "../resources/simhei.ttf"
stopwords = ["null", "暂无", "数据"]
#读入数据文件
comment_text = open(filename, encoding="utf-8").read()
#读取背景图片
color_mask = imread(backpicture)
#结巴分词，同时剔除掉不需要的词汇
ershoufang_words = jieba.cut(comment_text)
ershoufang_words = [word for word in ershoufang_words if word not in stopwords]
cut_text = "".join(ershoufang_words)
#设置词云格式
cloud = WordCloud(
    #设置字体，不指定就会出现乱码
    font_path=fontpath,
    #设置背景色
    background_color='white',
    #词云形状
    mask=color_mask,
    #允许最大词汇
    max_words=2000,
    #最大号字体
    max_font_size=60
)
# 产生词云
word_cloud = cloud.generate(cut_text)
#保存图片
word_cloud.to_file(savepicture)
```

3. 数据总体质量总结

通过前面的分析，可以看出该数据文件的整体质量还不错。虽然存在一些缺失值比较多的数据项，但我们比较关注的一些数据项缺失值不多。缺失值较多的数据项都是一些次要的数据项，不影响我们的分析。

10.3.3　重庆主城区二手房基本信息可视化分析

二手房基本信息可视化分析主要针对二手房的区域、总价、单价、建筑面积四个属性进行分析。

1. 重庆主城区各区域二手房平均单价柱状图

重庆主城区各区域二手房平均单价如图 10.3 所示，横轴为重庆主城区各区域名称，纵轴为单价(元/平方米)。从图中可以看到江北、渝中、渝北、南岸二手房平均单价较高，其中江北区已经超过 1.6 万元/平方米。江北、渝北伴随着重庆"一路向北"的趋势，发展势头迅猛，房价一路飙升，现在已经逐渐成为主城区二手房价格较贵的区域。巴南、北碚平均单价相对较低，这与它们距离主城核心区域较远有一定的关系。

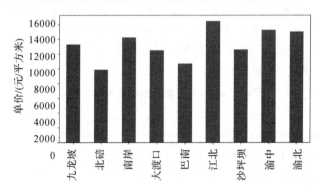

图 10.3　重庆主城区各区域二手房平均单价

绘制重庆市主城区各区域二手房平均单价柱状图的代码如下：

```
#数据分组、数据运算和聚合
groups_unitprice_area = df["unitPriceValue"].groupby(df["areaName"])
mean_unitprice = groups_unitprice_area.mean()
mean_unitprice.index.name = "各区域名称"
fig = plt.figure(figsize=(12, 7))
ax = fig.add_subplot(111)
ax.set_ylabel("单价(元/平方米)")
ax.set_title("重庆主城区各区域二手房平均单价")
mean_unitprice.plot(kind="bar")
#plt.savefig('../data_file/mean_price.jpg')
#plt.show()
```

2. 重庆主城区各区域二手房单价和总价箱线图

重庆主城区各区域二手房单价箱型图如图 10.4 所示，横轴为重庆主城区各区域名称，纵轴为单价(元/平方米)。二手房平均单价虽然是一个重要参考数据，但平均值不能有效地表示出数据整体上的分布情况，特别是数据中一些离散值的分布情况，这些信息的表现则需要借助箱型图来完成。从图 10.4 中可以看出，江北、渝中单价超过 20 000 元的较多，其中江北最高单价超过 40 000 元，渝中异常值较少，价格总体偏高，北碚区异常值非常少，这说明该区单价较为均衡。

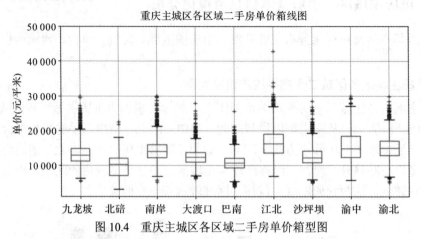

图 10.4　重庆主城区各区域二手房单价箱型图

绘制重庆主城区各区域二手房单价箱型图的代码如下：

```
#数据分组、数据运算和聚合
box_unitprice_area = df["unitPriceValue"].groupby(df["areaName"])
flag = True
box_data = pd.DataFrame(list(range(21000)), columns=["start"])
for name, group in box_unitprice_area:
    box_data[name] = group
del box_data["start"]
fig = plt.figure(figsize=(12, 7))
ax = fig.add_subplot(111)
ax.set_ylabel("单价(元/平方米)", fontsize=14)
ax.set_title("重庆主城区各区域二手房单价箱型图", fontsize=18)
box_data.plot(kind="box", fontsize=12, sym='r+', grid=True, ax=ax, yticks=[10000, 20000, 30000,
40000, 50000])
```

重庆主城区各区域二手房总价箱型图如图 10.5 所示，纵轴为总价(万元)。从总价这个维度来看，江北、渝中、渝北、南岸超过 200 万元的较多，并且有部分数据在 500 万以上。

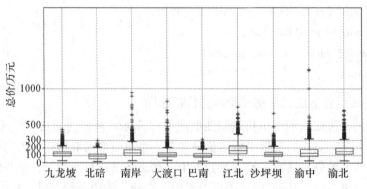

图 10.5　重庆主城区各区域二手房总价箱型图

绘制重庆主城区各区域二手房总价箱型图的代码如下：

```
#数据分组、数据运算和聚合
box_total_area = df["total"].groupby(df["areaName"])
flag = True
box_data = pd.DataFrame(list(range(21000)), columns=["start"])
for name, group in box_total_area:
    box_data[name] = group
del box_data["start"]
fig = plt.figure(figsize=(12, 7))
ax = fig.add_subplot(111)
ax.set_ylabel("总价(万元)", fontsize=14)
ax.set_title("重庆主城区各区域二手房总价箱型图", fontsize=18)
box_data.plot(kind="box", fontsize=12, sym='r+', grid=True, ax=ax, yticks=[0, 100, 200, 300, 500,
1000], ylim=[0, 2100])
```

3. 重庆主城区二手房单价最高的 20 个小区(Top20)

重庆主城区二手房单价 Top20 水平柱状图如图 10.6 所示，横轴为单价(元/平方米)，纵轴为小区名字。从图中可以看出，单价前 20 的房源单价均已逼近或者超过 30 000 元，主要集中在江北、渝北、渝中，这也印证了江北、渝北、渝中在上面箱型图中鼓楼区如此多异常值的存在。

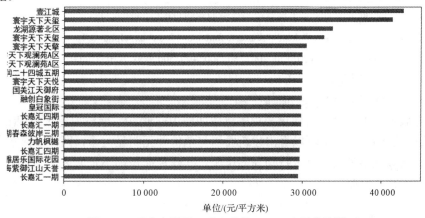

图 10.6　重庆主城区二手房单价 Top20 水平柱状图

绘制重庆市主城区二手房单价 Top20 水平柱状图的代码如下：

```
unitprice_top = df.sort_values(by="unitPriceValue", ascending=False)[:20]
unitprice_top = unitprice_top.sort_values(by="unitPriceValue")
unitprice_top.set_index(unitprice_top["communityName"], inplace=True)
unitprice_top.index.name = ""
fig = plt.figure(figsize=(12, 7))
ax = fig.add_subplot(111)
ax.set_ylabel("单价(元/平方米)", fontsize=14)
```

```
ax.set_title("重庆主城区二手房单价 Top20", fontsize=18)
unitprice_top["unitPriceValue"].plot(kind="barh", fontsize=12)
```

4. 重庆主城区二手房总价、单价与建筑面积散点图

重庆主城区二手房总价与建筑面积散点图如图 10.7 所示，横轴为建筑面积(平方米)，纵轴为总价(万元)。从图中可以看出，总价与建筑面积这两个变量符合正相关关系。数据点分布比较集中，大多数都在总价 0~400 万元与建筑面积 0~200 平方米这个区域内。

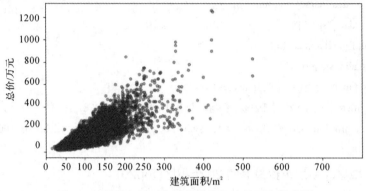

图 10.7　重庆主城区二手房总价与建筑面积散点图

绘制重庆市主城区二手房总价与建筑面积散点图的代码如下：

```
fig = plt.figure(figsize=(12, 7))
ax = fig.add_subplot(111)
ax.set_title("重庆主城区二手房总价与建筑面积散点图", fontsize=18)
df.plot(x="jzmj", y="total", kind="scatter", fontsize=12, ax=ax, alpha=0.4,
        xticks=[0, 50, 100, 150, 200, 250, 300, 400, 500, 600, 700], xlim=[0, 800])
ax.set_xlabel("建筑面积(m²)", fontsize=14)
ax.set_ylabel("总价(万元)", fontsize=14)
```

重庆主城区二手房单价与建筑面积散点图如图 10.8 所示，横轴为建筑面积(m²)，纵轴为单价(元/平方米)。从图中可以看出建筑面积与单价并无明显关系，同样，样本点分布也较为集中，离散值不多，但单价特别高的房源，其建筑面积都不是太大，可能因为这些房源一般都位于核心商圈。

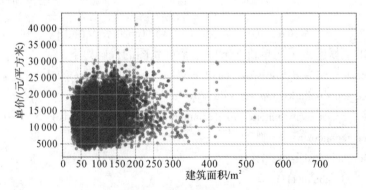

图 10.8　重庆主城区二手房单价与建筑面积散点图

绘制重庆主城区二手房单价与建筑面积散点图的代码如下：

```
fig = plt.figure(figsize=(12, 7))
ax = fig.add_subplot(111)
ax.set_title("重庆主城区二手房单价与建筑面积散点图", fontsize=18)
df.plot(x="jzmj", y="unitPriceValue", kind="scatter", grid=True, fontsize=12, ax=ax, alpha=0.4,
        xticks=[0, 50, 100, 150, 200, 250, 300, 400, 500, 600, 700], xlim=[0, 800])
ax.set_xlabel("建筑面积(㎡)", fontsize=14)
ax.set_ylabel("单价(元/平方米)", fontsize=14)
```

10.3.4　重庆主城区二手房房屋属性可视化分析

1. 重庆主城区二手房房屋户型占比情况

重庆主城区二手房房屋户型饼状图如图 10.9 所示，从图中可以看出，3 室 2 厅 1 厨 2 卫占比最高，达到 24.5%，总体来看 3 室 2 厅、2 室 2 厅和 2 室 1 厅一共占比接近 70%。另外，4 室 2 厅 1 厨 2 卫占比为 10.6%，也比较高，其他房屋户型的房源占比就比较少了。

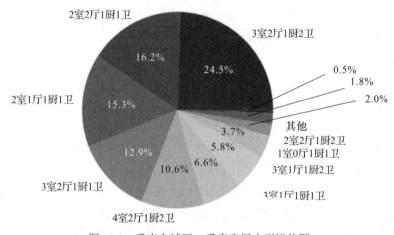

图 10.9　重庆主城区二手房房屋户型饼状图

绘制重庆主城区二手房房屋户型饼状图的代码如下：

```
count_fwhx = df['fwhx'].value_counts()[:10]
count_other_fwhx = pd.Series({"其他":df['fwhx'].value_counts()[10:].count()})
count_fwhx = count_fwhx.append(count_other_fwhx)
count_fwhx.index.name = ""
count_fwhx.name = ""
fig = plt.figure(figsize=(9, 9))
ax = fig.add_subplot(111)
ax.set_title("重庆主城区二手房房屋户型占比情况", fontsize=18)
count_fwhx.plot(kind="pie", cmap=plt.cm.rainbow, autopct="%3.1f%%", fontsize=12)
```

2. 重庆主城区二手房房屋装修占比情况

重庆主城区二手房房屋装修情况饼状图如图 10.10 所示，可以看出，超过 40% 的房源

是精装房，这与部分客户拎包入住的需求有很大的关系，另外 32.3%的房源是毛坯，这与
二手房投资有一定的关系。

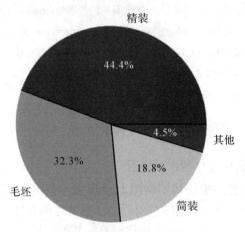

图 10.10　重庆主城区二手房装修情况饼状图

绘制重庆主城区二手房装修情况饼状图的代码如下：

```
count_zxqk = df["zxqk"].value_counts()
count_zxqk.name = ""
fig = plt.figure(figsize=(9, 9))
ax = fig.add_subplot(111)
ax.set_title("重庆主城区二手房装修占比情况", fontsize=18)
count_zxqk.plot(kind="pie", cmap=plt.cm.rainbow, autopct="%3.1f%%", fontsize=12)
```

3. 重庆主城区二手房房屋朝向分布情况

重庆主城区二手房房屋朝向柱状图如图 10.11 所示，横轴为房屋朝向，纵轴为房源数
量(套)。从图中可以看出，只有少数几种的朝向比较多，其余的都非常少，明显属于长尾
分布类型(严重偏态)。这也符合我们的认识，坐北朝南的相对较多。

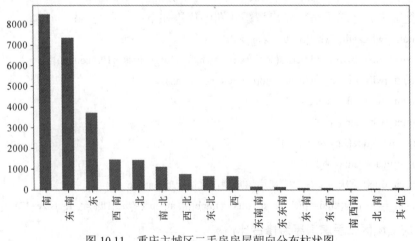

图 10.11　重庆主城区二手房房屋朝向分布柱状图

绘制重庆主城区二手房房屋朝向分布柱状图的代码如下：

```
count_fwcx = df["fwcx"].value_counts()[:15]
count_other_fwcx = pd.Series({"其他":df['fwcx'].value_counts()[15:].count()})
count_fwcx = count_fwcx.append(count_other_fwcx)
fig = plt.figure(figsize=(12, 7))
ax = fig.add_subplot(111)
ax.set_title("房源朝向分布情况", fontsize=18)
count_fwcx.plot(kind="bar", fontsize=12)
```

10.4　主城区二手房模型构建

在模型构建阶段采用聚类算法中的 K-Means 算法对爬取的二手房数据进行聚类分析，根据聚类的结果和经验，将这些房源大致分类，以达到对数据概括总结的目的。在聚类过程中，我们选择了面积、总价和单价这三个数值型变量作为样本点的聚类属性。

K-Means 算法的原理相对简单，不过在聚类之前要先给出聚类的簇数 K 值，但在很多时候 K 值的选定是十分难以估计的，很多时候我们在聚类前并不清楚给出的数据集应当分成多少类才最恰当。另外，K-Means 需要人为地确定初始质心，不一样的初始质心可能会得出差别很大的聚类结果，无法保证 K-Means 算法收敛于全局最优解。下面将会重点介绍如何选择合适的 K 值和质心。

10.4.1　K 值的选定

根据聚类原则，即组内差距要小，组间差距要大，先算出不同 K 值下的各个 SSE 值，然后绘制出折线图，如图 10.12 所示，从中选定最优解。从图中可以看出 K 值到达 5 或 6 以后，SSE 变化趋于平缓，本次实验选择 K 值为 5。

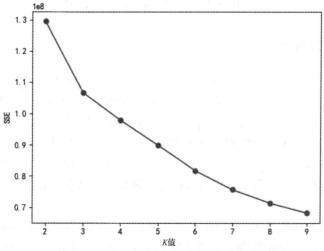

图 10.12　不同 K 值下的 SSE 值折线图

绘制不同 K 值下的 SSE 值折线图的代码如下：

```
from scipy.spatial.distance import cdist
sse=[]
for k in range(2, 10):
km = KMeans(n_clusters=k, random_state=100)
    km.fit(data_X)
sse.append(sum(np.min(cdist(data_X, km.cluster_centers_, 'euclidean'), axis=1)))
sse.append(km.inertia_)
plt.plot(range(2, 10), sse, marker='o')
plt.xlabel("k value")
plt.ylabel("SSE")
plt.show()
```

10.4.2　初始的 *K* 个质心选定

初始的 *K* 个质心选定采用的是随机法。从各列数值最大值和最小值中间按正态分布随机选取 *K* 个质心。

10.4.3　离群点处理

离群点就是远离整体的，非常异常、非常特殊的数据点。因为 K-Means 算法对离群点十分敏感，所以在聚类之前应该将这些"极大""极小"之类的离群数据都去掉，否则会对聚类的结果有影响。离群点的判定标准是根据前面数据可视化分析过程中的散点图和箱型图来进行判定。根据散点图和箱型图，需要去除离散值的范围如下：

(1) 单价：基本都在 50 000 元以内，没有特别的异常值。

(2) 总价：基本都集中在 500 万元以内，需要去除 500 万元以外的异常值。

(3) 建筑面积：基本都集中在 400 平方米以内，需要去除 400 平方米以外的异常值。

10.4.4　数据的标准化

因为总价的单位为万元，单价的单位为元/平方米，建筑面积的单位为平方米，所以数据点计算出的欧几里得距离的单位是没有意义的。同时，总价都是 500 万元以内的数，建筑面积都是 400 m^2 以内的数，但单价基本都是 10 000 元以上的数，因此在计算距离时单价起到的作用就比总价大，总价和单价的作用都远大于建筑面积，这样聚类出来的结果是有问题的。这样的情况下，需要将数据标准化，即将数据按比例缩放，使之都落入一个特定区间内。去除数据的单位限制，将其转化为无量纲的纯数值，便于计算和比较不同单位或量级的指标。

将单价、总价和面积都映射到 500，因为面积和总价本身就都在 500 以内，所以不需要特别处理。单价在计算距离时，需要先乘以映射比例 0.005。这就能够在一定程度上保证聚类效果不受数据量纲不统一的影响。

10.4.5　聚类结果分析

经过 K-Means 算法聚类分析后，下面对聚类结果进行深入分析，以求更好地为购房者提供决策支持。代码如下：

```
"""加载数据"""
data_X = loadDataset()
"""选定 K 值后，聚类分析，统计结果"""
#给定划分数量 K
k = 5
#运行 K-Means 算法
clf = KMeansClassifier(k)
print(clf)
clf.fit(data_X)
cents = clf._centroids
labels = clf._labels
sse = clf._sse
#设置存储值
data_result = []                #聚类的原始样本集(Numpy 数组类型)
result_mean = []                #各类样本集均值结果集
data_df = []                    #聚类的原始样本集(DataFRame 类型)
colors = ['b', 'g', 'r', 'k', 'c', 'm', 'y', '#e24fff', '#524C90', '#845868']
#统计均值结果
for i in range(k):
    index = np.nonzero(labels==i)[0]    #取出所有属于第 i 个簇的索引值
data_i = data_X[index]                  #取出属于第 i 个簇的所有样本点
print(data_i)
    data_result.append(data_i)
    mean_data=data_i.mean(axis=0)
    mean_data = list(map(int, mean_data))
    result_mean.append(list(mean_data))
#变换数组结构
for i in range(k):
    data_temp = data_result[i]
    data = {"id":data_temp[:, 0],
"total":data_temp[:, 1],
"unitprice":data_temp[:, 2],
"jzmj":data_temp[:, 3]}
    data_df_temp = pd.DataFrame(data, columns=["id", "total", "unitprice", "jzmj"])
    data_df.append(data_df_temp)
```

```
#输出统计结果
gr = 0
print("                      K-Means 算法统计结果")
print(" 分组   总价(万元)   单价(元/平方米)    建筑面积(平方米)     总计")
for i in result_mean:
    print(""+str(gr)+""+str(i[1])+""+str(i[2])+""+str(i[3])+"\t\t"+str(len(data_df[gr])))
    gr = gr + 1
```

聚类结果统计信息如表 10.1 所示。

表 10.1　　K-Means 算法统计结果

分组	总价/万元	单价/(元/平方米)	建筑面积/平方米	总计(房源数)
0	144	11 204	128	3954
1	265	18 768	142	2065
2	124	13 790	90	8089
3	351	15 287	230	483
4	70	11 903	60	5467

聚类后的单价与建筑面积散点图和总价与建筑面积散点图分别如图 10.13、图 10.14 所示。

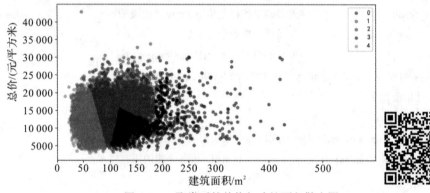

图 10.13　聚类后的单价与建筑面积散点图

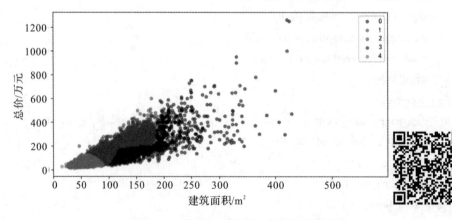

图 10.14　聚类后的总价与建筑面积散点图

根据以上聚类结果和我们的经验分析，大致可以将这 20 000 多套房源分为以下五类：

(1) 大户型(面积大，总价高)，属于表 10.1 中的第 3 分组。此类房源平均面积都在 200 平方米以上，这种大户型的房源相对数量较少，主要分布在江北、渝北、渝中、南岸等地。

(2) 改善型(单价高、面积较大)，属于表 10.1 中的第 1 分组。此类房源数量不少，比较适合具有一定经济能力的购房者，改善型的房源如江北、渝北等地的洋房、大平层。

(3) 经济型(单价居中、面积居中、总价合适)属于表 10.1 中的第 2 分组。此类房源数量最多，小三房居多，能够满足日常生活需求，分布区域较为广泛。

(4) 高性价比型(单价低、面积大)属于表 10.1 中的第 0 分组。此类房源多分布在主城区非核心区域，比如南岸茶园、北碚蔡家、水土、巴南、沙坪坝大学城等区域。

(5) 刚需型(总价低、面积小)，属于表 10.1 中的第 4 分组。此类房源数量较多，比较适合毕业不久的年轻人过渡。

本 章 小 结

本章通过链家网爬取重庆市主城区二手房房源数据，经过数据编码格式转化、数据清洗之后进行二手房基本信息和房屋属性信息的数据可视化分析，然后进行模型构建，利用 K-Means 算法对二手房数据进行聚类分析，并对聚类结果进行概括总结，深入分析大量数据背后隐藏的房价波动和城市发展规律，以求更好地帮助大家进行购房决策。

参 考 文 献

[1]　张良均. Python 数据挖掘入门与实践[M]. 北京：机械工业出版社，2015.

[2]　张良均. 数据挖掘：实用案例分析[M]. 北京：机械工业出版社，2013.

[3]　莱顿. Python 数据挖掘入门与实践[M]. 北京：人民邮电出版社, 2016.

[4]　米切尔. Python 网络数据采集[M]. 北京：人民邮电出版社, 2016.

[5]　菲利普斯. Python 3 面向对象编程[M]. 北京：电子工业出版社，2015.

[6]　周中华，张惠然，谢江. 基于 Python 的新浪微博数据爬虫[J]. 计算机应用，2014(11)：3131-3134.

[7]　HUANG R G. SUN X Y. Weibo network, information diffusion and implications for collective action in China[J]. Information, Communication & Society, 2014, 17(1): 86-104.

[8]　安子建. 基于 Scrapy 框架的网络爬虫实现与数据抓取分析[D]. 长春：吉林大学，2017.

[9]　ZHANG G，ZHANG C C，ZHANG H Y. Improved K-means algorithm based on density Canopy[J] . Knowledge-Based Systems，2018，145(APR.1).：289-297.

[10]　WU X D, SINGH M, JOSAN G S，et al.TOP 10 algorithms in data mining[J]. Knowledge and Information Systems，2008，14(1)：1-37.

[11]　KAUR P, SINGH M, JOSAN G S. Classification and Prediction Based Data Mining Algorithms to Predict Slow Learners in Education Sector[J] . Procedia Computer Science，2015，57(1)：500-508.

[12]　马治涛. 文本分类停用词处理和特征选择技术研究[D]. 西安：西安电子科技大学，2014.

[13]　黄娟娟. 基于 KNN 的文本分类特征选择与分类算法的研究与改进[D]. 厦门：厦门大学，2014.

[14]　张继艳. 基于改进 RFM 模型的网络消费者价值识别研究[D]. 衡阳：南华大学，2015.

[15]　周志华. 机器学习[M]. 北京：清华大学出版社，2016.

[16]　黄红梅. Python 数据分析与应用[M]. 北京：人民邮电出版社，2018.

[17]　胡松涛. Python 网络爬虫实战[M]. 北京：清华大学出版社，2017.

[18]　于阳. 基于聚类分析 K-means 算法的房地产客户细分研究[D]. 哈尔滨：哈尔滨工业大学，2017.

[19]　邱晨. 基于 K-means 聚类的航空客户价值分析[D]. 湘潭：湘潭大学，2017.

[20]　刘锡铃. 关联规则挖掘算法及其在购物篮分析中的应用研究[D]. 苏州：苏州大学，2009.

[21]　张雪. 基于深度学习卷积神经网络的电影票房预测[D]. 北京：首都经济贸易大学，2017.